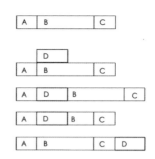

3.1　连接、插入、追加和覆盖

3.2　项目工具

3.3　文件属性及运动参数

3.4　使用关键帧改变运动参数制作动画

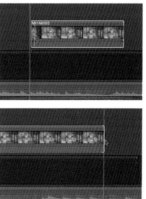

3.5　修剪片段开始点和结束点

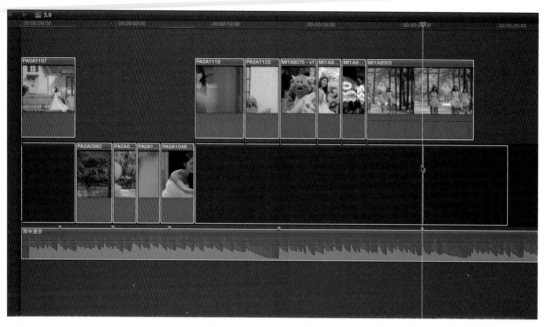

3.6 速度控制

3.7 使用试演

3.8 使用次级故事情节

3.9 使用复合片段

4.1 工具的高级应用

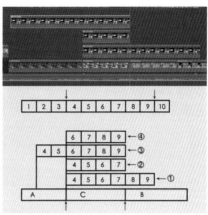

4.2 三点编辑

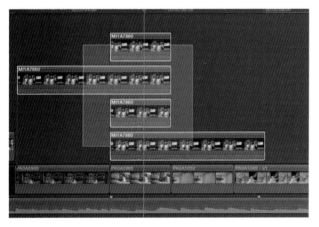

4.3 替换片段

4.4 添加和编辑静止图像

4.6 多机位片段的处理

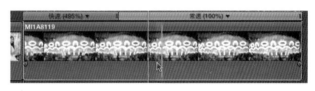

4.5 速度的高级应用

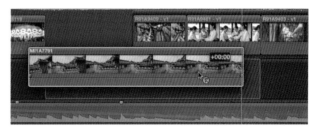

4.7 编辑中常用的便捷方式

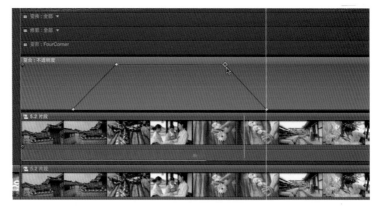

5.1　添加视频滤镜

5.2　设置关键帧动画

5.3　滤镜的使用

5.4　添加视频转场

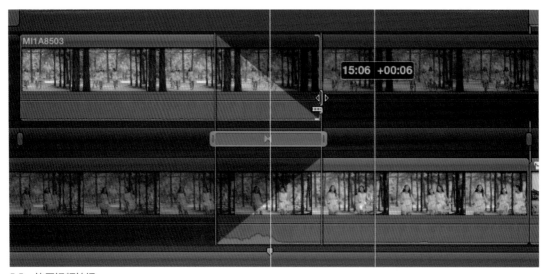

5.5　使用视频转场

6.1.1　色彩抠像

6.1.2　亮度抠像

6.2.1　简单合成

6.2.2　合成关键帧动画

6.2.3　混合模式及发生器的使用

6.2.4　多层图形文件的使用

第 7 章　锦上添花——色彩

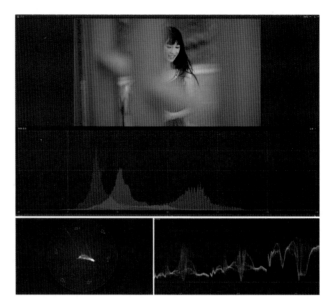

7.1　调色的基础知识

7.2　示波器

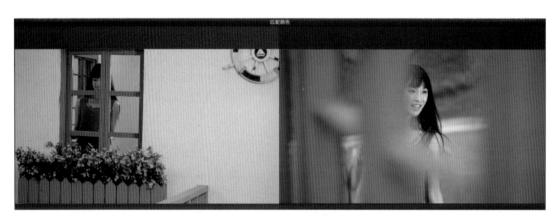

7.3　自动平衡颜色与自动匹配颜色

7.4　一级调色

7.5　二级调色

7.6　利用形状遮罩添加暗角

8.1.1　唱词字幕

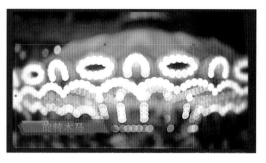

8.1.2　特效字幕

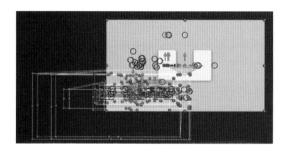

8.1.3　Final Cut Pro X 与 Motion 的协同工作

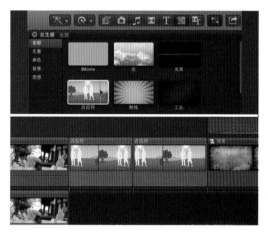

8.2.1　巧用占位符

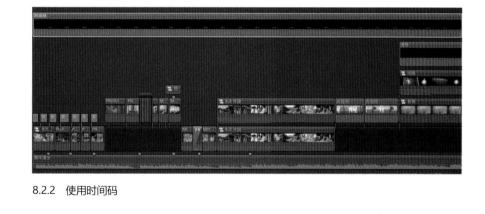

8.2.2　使用时间码

第 9 章　有声胜无声——音频

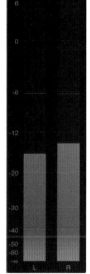

9.1.1　认识音频
指示器

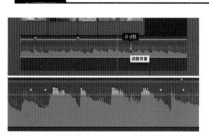

9.1.2　手动调整电平

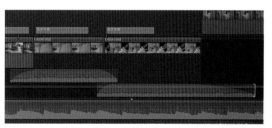

9.1.3　音频片段间的交叉叠化

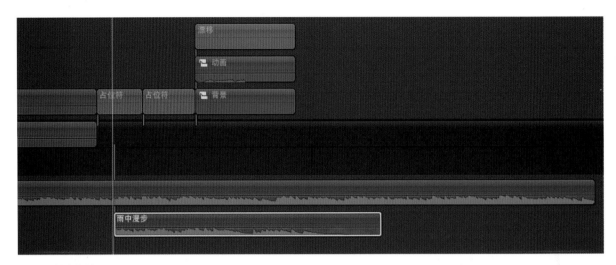

9.2 修剪音频片段

9.3 控制声相及通道

9.4 使用音频效果（二）

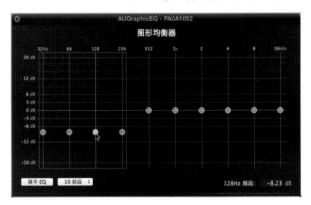

9.4 使用音频效果（一）

9.4 使用音频效果（三）

Final Cut Pro X

影视包装剪辑完全自学教程

|培训教材版|

精鹰传媒　编著

人民邮电出版社

北　京

图书在版编目（CIP）数据

Final Cut Pro X影视包装剪辑完全自学教程 ：培训
教材版 / 精鹰传媒编著. -- 北京 ：人民邮电出版社，
2021.1（2022.9重印）
ISBN 978-7-115-50546-0

Ⅰ．①F… Ⅱ．①精… Ⅲ．①视频编辑软件－教材
Ⅳ．①TP317.53

中国版本图书馆CIP数据核字(2019)第031262号

内 容 提 要

本书全面系统地介绍了 Final Cut Pro X 剪辑软件的各项功能与使用技技巧。全书共 10 章，穿插了 100 余个小实例来讲解 Final Cut Pro X 重要设置的实际用途，使读者能够更有效地掌握软件的各种使用技法，轻松、高效地完成影视项目的剪辑工作。本书以影视剪辑的流程为线索进行讲解，从前期的采集与导入，到素材和项目的管理，再到项目的具体编辑和校色，以及动画的编辑与合成处理，最后到输出，让读者能流畅地阅读，并能快速、准确地找到所需要的章节内容，提高学习效率。

随书赠送全部案例的工程文件、47 个案例效果图，以及 43 集教学视频，方便读者学习。

本书适合数字影视行业的从业者阅读，也可供相关专业的学生和爱好者阅读使用。

◆ 编　著　精鹰传媒
责任编辑　张丹阳
责任印制　马振武

◆ 人民邮电出版社出版发行　北京市丰台区成寿寺路 11 号
邮编　100164　电子邮件　315@ptpress.com.cn
网址　https://www.ptpress.com.cn
固安县铭成印刷有限公司印刷

◆ 开本：787×1092　1/16　　彩插：4
印张：13　　　　　　　　　2021 年 1 月第 1 版
字数：434 千字　　　　　　2022 年 9 月河北第 6 次印刷

定价：49.00 元

读者服务热线：(010)81055410　印装质量热线：(010)81055316
反盗版热线：(010)81055315
广告经营许可证：京东市监广登字 20170147 号

近年来，影视行业竞争激烈，网络视频如雨后春笋般纷纷涌现，微电影强势来袭夺人眼球，多元化影视产品纷至沓来，伴随而来的是影视包装行业的迅速崛起。精湛的影视特效技术走下电影神坛，被广泛应用于影视包装领域，让电视、网络视频和微电影的视觉呈现更为精致多元，影视特效日益成为影视包装不可或缺的元素。丰富的观影经验让观众对视觉效果的要求越来越高，逼真的场景、震撼人心的视觉冲击、流畅的动画……人们对电视和网络视频的要求已经提升到了一个新的高度，而每一个更高层次的要求都是对影视包装从业人员的新挑战。

中国影视包装行业迅速发展，专业化人才需求巨大，越来越多的人加入影视包装制作的行列。但他们在实践过程中难免会遇到一些困惑，如理论如何应用于实践，各种已经掌握的技术如何随心所欲地使用，艺术设计与软件技术怎样融会贯通，各种制作软件怎样灵活配合……

鉴于此，精鹰传媒精心策划并编写了系统性和针对性强，亲和性好的系列图书——"精鹰课堂"和"精鹰手册"。这两个系列图书汇聚了精鹰传媒股份有限公司多年的创作成果，可以说是公司多年来的实践精华和心血所在。在精鹰传媒走过第一个十年之际，我们回顾过去，感慨良多。作为影视行业发展进程的参与者与见证者，我们一直希望能为中国影视包装行业的长足发展做点什么。因此，我们希望通过出版"精鹰课堂"和"精鹰手册"系列图书，帮读者熟悉各类CG绘画软件的使用，以精鹰传媒多年的优秀作品为案例参考，从制作技巧的探索到项目的完整流程，深入地向CG爱好者清晰呈现影视前期和后期制作的技术解析与经验分享，帮助影视制作设计师解开心中的困惑，让他们在技术钻研、技艺提升的道路上走得更坚定、更踏实。

解决人才紧缺问题，培养高技能岗位人才是影视包装行业持续发展的关键。精鹰传媒提供的经验分享也许微不足道，但这何尝不是一种尝试——让更多感兴趣的年轻人步入影视特效制作行列，为更多正遭遇技艺突破瓶颈的设计师们解疑释惑，与业内同行一同探讨进步……精鹰传媒股份有限公司一直把培养影视人才视为使命，我们努力尝试，期盼中国的影视行业迎来更加美好的明天。

广东精鹰传媒股份有限公司

前言

随着CG行业和中国影视产业的不断改革升级，影视产业的专业化已得到纵深发展。从电影特效到游戏动画，再到电视传媒，对专业化人才的需求越来越大，对CG领域的专业化人才也就有了更高的要求。而现实中，很大一部分进入这个行业的设计师，因为缺乏完整而系统的学习，导致理论与实践相去甚远，各种已掌握的技术不能随心所欲地使用，或者不能很好地将艺术设计与软件技术汇通融合，导致很多设计师的潜力得不到充分发挥。

精鹰传媒作为一家以影视制作为主营优势的传媒公司，曾在电视包装行业多次创造奇迹，其背后离不开各种特效技术的支撑。自2012年起，精鹰传媒开始筹划编写系统性、针对性强，亲和性好的系列图书"精鹰课堂"和"精鹰手册"，汇聚公司多年来的创作成果，以真实案例为参考，希望能为影视制作同行提升技艺提供帮助。

在精鹰系列图书的编写中，我们立足于呈现完整的实战操作流程，搭建系统清晰的教学体系，包括技术的研发、理论和制作的融合、项目完整流程的介绍和创作思路的完整分析等内容。本书全面系统地介绍了Final Cut Pro X剪辑软件的各项功能与各种使用技巧，并穿插了丰富的小实例来更充分地解析Final Cut Pro X的每个重要设置的实际用途。编写本书是为了帮助影视后期设计师们快速、有效、全面地掌握Final Cut Pro X软件的使用，能高效地完成各种大小、不同复杂程度的项目的剪辑与合成。

本书以影视剪辑的流程为线索，从前期的采集与导入到素材和项目的管理，再到项目的具体编辑和校色，以及动画编辑与合成处理，最后到项目的输出，让读者能流畅地阅读，并能快速准确地找到所需要的章节内容。

本书得以顺利出版，要感谢精鹰传媒股份有限公司总裁阿虎对"精鹰课堂"的大力支持，还要感谢苏效禹、李嘉慧、黄金增、吴慧芳等同事和朋友，共同配合完成了本书的创作。书中难免会有一些纰漏和不足之处，恳请读者批评指正。同时，精鹰公司的网站上开设了本书的专版，我们会对读者提出的有关问题提供帮助与支持。

自成立以来，精鹰传媒的目标就是成为一家引领行业发展的传媒产业集团，我们会坚持一直为客户做"对"的事，提供"好"的服务，协助客户建立品牌永久价值，使之成为行业的佼佼者。这就是我们矢志不渝的使命。

莫立 苏效禹

本书由"数艺设"出品，"数艺设"社区平台（www.shuyishe.com）为您提供后续服务。

配套资源

- ●47个案例的最终效果图，供读者浏览。
- ●书中案例的工程文件，读者可以用工程文件同步练习。
- ●43个典型案例的操作演示视频，读者可以边看教学视频，边学习书中的制作技巧和思路。

资源获取请扫码

"数艺设"社区平台，为艺术设计从业者提供专业的教育产品。

与我们联系

我们的联系邮箱是 szys@ptpress.com.cn。如果您对本书有任何疑问或建议，请您发邮件给我们，并请在邮件标题中注明本书书名及ISBN，以便我们更高效地做出反馈。

如果您有兴趣出版图书、录制教学课程，或者参与技术审校等工作，可以发邮件给 我们；有意出版图书的作者也可以到"数艺设"社区平台在线投稿（直接访问 www.shuyishe.com 即可）。如果学校、培训机构或企业想批量购买本书或"数艺设"出版的其他图书，也可以发邮件联系我们。

如果您在网上发现针对"数艺设"出品图书的各种形式的盗版行为，包括对图书全部或部分内容的非授权传播，请您将怀疑有侵权行为的链接通过邮件发给我们。您的这一举动是对作者权益的保护，也是我们持续为您提供有价值的内容的动力之源。

关于"数艺设"

人民邮电出版社有限公司旗下品牌"数艺设"，专注于专业艺术设计类图书出版，为艺术设计从业者提供专业的图书、U书、课程等教育产品。出版领域涉及平面、三维、影视、摄影与后期等数字艺术门类，字体设计、品牌设计、色彩设计等设计理论与应用门类，UI设计、电商设计、新媒体设计、游戏设计、交互设计、原型设计等互联网设计门类，环艺设计手绘、插画设计手绘、工业设计手绘等设计手绘门类。更多服务请访问"数艺设"社区平台www.shuyishe.com。我们将提供及时、准确、专业的学习服务。

· 如何获取资源 ·

扫描数艺设二维码

01 关注数艺设公众号

02 回复图书第51页的资源获取码(5位数字),
即可获得图书配套资源获取方法

03 进入到QQ群通过群公告获取资源链接

04 注册并登录"数艺设"官网

注册登录之后 点击头像可进入个人主页 点击优惠券 选择兑换 输优惠码兑换
选择优惠券点击立即使用即可购买

在浏览器中搜索
数艺设社区平台
http://www.shuyishe.com

我们为您提供了
在线学习内容的优惠券

选择短信登录或微信登录
快速成为数艺设注册用户

在数艺设平台购买
图书或电子书订单满100减50元

05 单击"在线视频+资源下载"观看视频
单击"去下载"获取资源

第1章

群英聚会——纵览Final Cut Pro X

1.1　Final Cut Pro X概述

2011年，苹果公司发布新版本剪辑软件Final Cut Pro 10.0，也称为Final Cut Pro X（简称FCPX）。

虽然之前每个版本都有很多更新，但为什么将之前的版本都称为旧版呢？因为之前的版本在操作方式、出片流程、界面布局等方面与其他剪辑软件大同小异，而FCPX是真正具有"苹果风格"的剪辑软件。

1.2　Final Cut Pro的发展史

1999 年，苹果公司首次推出售价999美元的非线性剪辑软件Final Cut Pro。Final Cut Pro是从夹缝中崛起的。当时，剪辑软件市场被Avid、Adobe、Autodesk等公司牢牢占据，留给苹果公司的市场空间只有无力负担高昂剪辑系统费用的小型电视制作商及学生。然而，Final Cut Pro以其优异的图像处理能力与低廉的价格，迅速占领市场份额，成功打入广告界与电视界，并于2002年获得由美国国家电视艺术与科学学院（National Academy of Television Arts and Sciences）颁发的技术与工程艾美奖（Technology and Engineering Emmy Awards）❶。

2009年7月，苹果公司推出Final Cut Studio 3安装包，其中包括Final Cut Pro 7、Motion 4、Soundtrack Pro 3、Color 1.5、Comperssor 3.5软件，这是旧版Final Cut Pro系列的巅峰之作。

1.3　Final Cut Pro X的功能特色

Final Cut Pro X是一款先进的视频编辑软件。

64位架构的Final Cut Pro X，打破了32位软件只可调用4GB RAM的限制，充分释放计算机性能；可原生支持REDCODE RAW、Sony XAVC、AVCHD、H.264、AVC-Intra、MXF等格式，减少转码时间与降低画质损失；创造性地引入磁性时间线，颠覆传统剪辑模式；拥有高品质视频编码ProRes，可以对全帧速率 4:2:2、4:4:4HD 高清、2K、4K 和分辨率更大的视频源进行实时剪辑。ARRI、Blackmagic、Panasonic、ATOMOS、Sound Devices等越来越多的前期设备，可直接用Apple ProRes编码进行记录。Final Cut Pro X可以实时、高效地对工程文件进行保存和备份，保证工作成果的安全性。

---

❶在2001年，苹果凭借名为火线（FireWire）的发明第1次获得技术与工程艾美奖；2005年、2006年又通过创新视频点播引擎流媒体构架和组件（Streaming Media Architectures and Components）捧走技术与工程艾美奖；2013年，苹果公司凭借iCloud第5次获得技术与工程艾美奖。

1.4　Final Cut Pro X的工作流程

首先来了解一下FCPX的基础工作流程，大致分为4步，如图1-1所示。

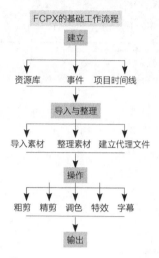

图1-1

1. 建立资源库、事件、项目时间线

这是剪辑的第一步，需要搭建工作平台，建立一个适用于当前项目属性的工程。

2. 导入素材，整理素材，建立代理文件

如果说第一步未能体现FCPX的与众不同，那么从这里开始将呈现不同的世界。

（1）从导入素材开始就可以进行剪辑。FCPX除了提供多种快捷导入方式，还具备对某些格式重新封装的片段导入方式，在导入时可以只选择需要的片段，从而节省计算机资源。

（2）便捷的代理文件。在处理类似于4K素材的高分辨率、高码率的素材时，能够便捷地建立代理文件，减小计算机运行的压力。

（3）软件提供多种类型的素材分类方式，适用于不同风格影片的剪辑。这样在面对数量庞大的素材时，用户也能一目了然，做到心中有数。

3. 粗剪、精剪、调色、特效、字幕

FCPX创造性地引入磁性时间线的概念，带来了更加便捷的操作，使用户把更多的精力放在创作上。

FCPX还拥有一套较为强大的调色系统，支持二级调色，是剪辑软件领域中的佼佼者。

4. 影片输出

FCPX支持多种格式、多种编码、多种码率的文件输出。与此同时，配合使用Compressor软件可以更便捷地输出影片。

1.5　Final Cut Pro X的安装与设置

在Mac系统下，安装软件的方法主要有两种。

第一种：直接在系统内置的App Store中登录账号，搜索想要下载的软件并安装。不过，有些软件是付费的，安装需要支付相应的费用。

第二种：Mac系统也有一种类似于Windows系统的安装文件，它的扩展名是.dmg。这种文件是压缩的镜像文件，打开该文件后，桌面上会弹出一个虚拟硬盘。这时有两种安装方法：其一，直接将安装程序复制到"应用程序"窗口中；其二，在虚拟硬盘中会发现一个扩展名为.pkg的文件，双击该文件即可安装软件。

1.5.1　Final Cut Pro X对安装环境的要求

Final Cut Pro X从发布至今，版本更新很快，读者可以到官网获取新版软件。

系统配置：OS X 10.9.2或更高版本；4GB RAM（剪辑4K视频建议使用8GB RAM）；显卡支持OpenCL，256MB VRAM（剪辑4K视频建议使用1GB VRAM）；3.5GB磁盘空间。

本书使用的操作系统版本为OS X 10.9.2，软件版本为Final Cut Pro X 10.1.2，如图1-2所示。

图1-2

1.5.2 Final Cut Pro X的安装方法

如前所述，其一，可以通过系统自带的App Store付费安装软件，如图1-3所示；其二，可以将Final Cut Pro X的安装包直接拖曳到系统的"应用程序"窗口中进行安装。

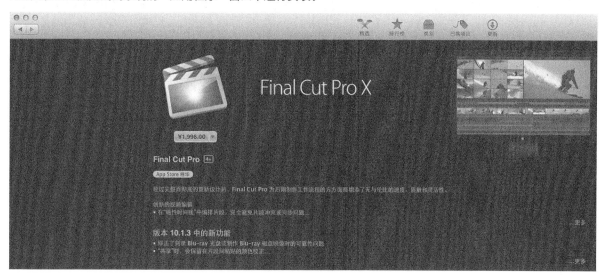

图1-3

1.5.3 与Final Cut Pro 7共存安装

有许多新用户短时间内还不能接受新版软件的操作方式，也有一些用户有采集磁带等需求。所以很多情况下，需要一台计算机上同时拥有Final Cut Pro 7与Final Cut Pro X两个版本的软件，解决方法其实很简单。

如果计算机中已经安装了Final Cut Pro 7，那么打开"应用程序"窗口，选中"Final Cut Pro"图标，按Enter键（这是Mac系统下重命名的快捷键），然后将文件名改成"Final Cut Pro 7"，就可以安装新版软件了。

如果已经用FCPX覆盖了Final Cut Pro 7，那么将Final Cut Pro X的图标重命名即可。

这时，一台计算机上就拥有了两个版本的Final Cut Pro，如图1-4所示。

图1-4

1.6 Final Cut Pro X界面介绍

第一次打开一个软件时，展现在面前的界面似乎让人无从下手，这是大多数专业软件共同的特性，接下来介绍Final Cut Pro X的界面。

1.6.1 界面总述

Final Cut Pro X的窗口主要由4个主区域组成，它们分别是：①事件浏览器、②"监视器、③检查器、④磁性时间线，如图1-5所示。

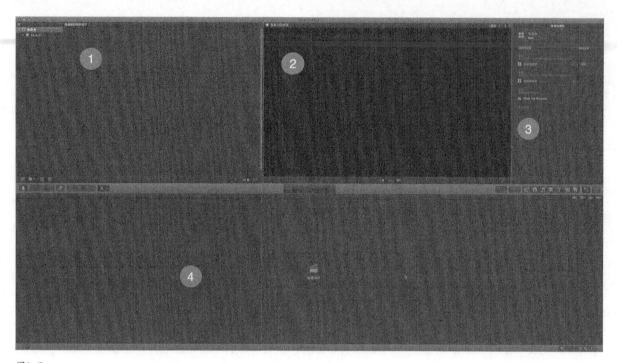

图1-5

　　添加一些项目，展示一下它的全貌，添加项目后更能表现出一个专业剪辑软件的风采，如图1-6所示。

图1-6

1.6.2 事件浏览器

在事件浏览器中要完成素材的导入、分类、评价、优化操作，以及项目的管理，如图1-7所示。

图1-7

事件浏览器的左下角有4个按钮，左边的两个分别是"显示或隐藏资源库"和"资源库中素材排列方式"；右边两个是两种片段显示方式，分别是连续画面视图与列表视图。

1.6.3 检视器和检查器

检视器是提供视频回放的地方，可以在全屏幕视图或在第2台显示器上获得1080p、2K、4K甚至高达5K分辨率的同步视频图像。

与此同时，可以开启事件检视器，这样将拥有两个显示窗口，一个用于事件浏览，一个用于时间线浏览，如图1-8所示。

提示：事件检视器的开启方法是单击"窗口"→"显示事件检视器"命令，或按快捷键【Ctrl+Command+3】。

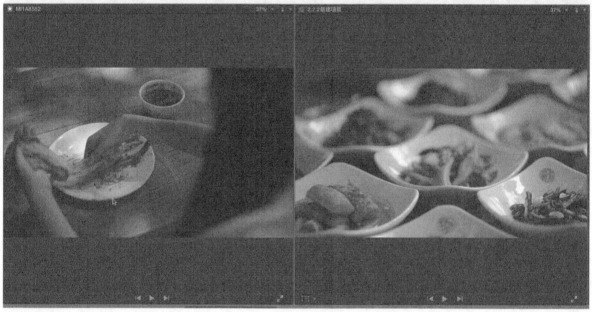

图1-8

检视器的右侧是检查器，有"视频""音频""信息"3个选项卡，特效属性调整及工程格式调整等在这个区域操作，如图1-9所示。

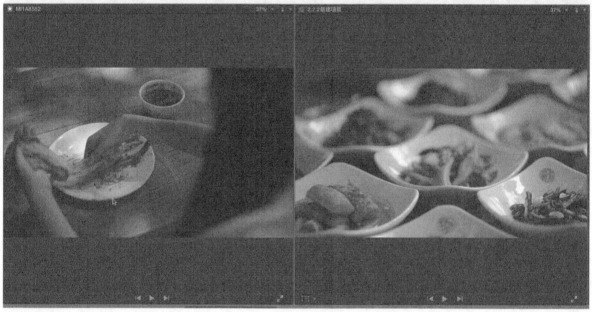

图1-9

1.6.4 磁性时间线

该窗口是工作的主要区域，它包括时间线索引面板、磁性时间线面板、效果面板3个主要面板，如图1-10所示。

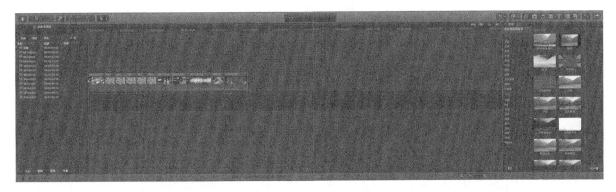

图1-10

1. 时间线索引面板

打开或关闭时间线索引面板的方法是单击磁性时间线窗口左下角的"时间线索引"按钮，或按快捷键【Command+ Shift+2】。

可以在这个面板中找到时间线项目中使用的所有片段和标记（各种标记和关键词）。基于文本视图，还可以通过条件筛选，仅显示要查看的对象，如图1-11所示。

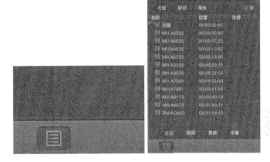

图1-11

2. 磁性时间线面板

FCPX的时间线与其他剪辑软件一样，通过添加和排列片段进行片段的编辑，完成影片的创作。

FCPX时间线的不同之处在于预置了一条磁性时间线，时间线会以"磁性"方式调整片段，使其与周围的片段相适应。如果将片段拖出某个位置，则邻近的片段会自动填充出现的空隙。

FCPX时间线摒弃轨道的概念，整个时间线除了一条主磁性时间线外，再无其他轨道，让编辑人员更加随心所欲地操作，如图1-12所示。

图1-12

3. 效果面板

FCPX提供了600多项视频、音频专业级滤镜，100多种转场特效，以及近200种字幕制作方案；允许第三方插件应用的进入，凭借64位架构的优势，大大增强了插件的稳定性，如图1-13所示。

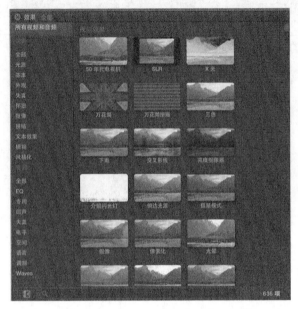

图1-13

4. 后台任务、时码、音频指示

磁性时间线窗口顶部有一个小窗口，实现了对后台任务、时码、音频指示这3项基本数据的实时监视，如图1-14所示。

图1-14

5. 编辑控制核心区域

磁性时间线窗口左上角是编辑控制的核心区域，如图1-15所示。

图1-15

素材导入：打开素材导入对话框。

素材评价：提供3种便捷的素材标记方式，便于后期编辑人员对有效素材的调用。

关键词编辑器：一种全新的素材归类方式，让庞大的素材库有条不紊。

所选素材放到时间线：可以控制在事件资源库中所选素材以"连接""插入""附加"3种方式之一放到时间线上。与此同时，也可以选择同一段素材以"视频与音频""仅视频""仅音频"3种形式放置。

工具：7种可用快捷键切换的常用编辑工具，带来便捷的编辑方式。

第 **2** 章　磨刀霍霍——剪辑的准备工作

好的剪辑开始于有条不紊的素材整理。特别是当我们遇到素材量很大的项目时，面对一堆杂乱无章的素材，再好的剪辑师也会无从下手。磨刀不误砍柴工，这个时候更需要静下心来整理素材，也许会化腐朽为神奇。

Final Cut Pro X提供了一个庞大的可以扩展的元数据结构，以确保能够同时做到灵活简单而又精确的分类、组织和管理等工作。Final Cut Pro X具有强劲的素材规整能力，这正是本书推荐这款软件的原因之一。

本章主要介绍剪辑前的准备工作，并针对Final Cut Pro X的新功能，介绍一些使用技巧。

2.1　硬件设备的选择

随着技术的日新月异，如今的视频世界千姿百态。随着播放平台及媒介的多样化，不同格式、不同码率、不同尺寸的视频也应运而生。为了避免"高射炮打蚊子"般的资源浪费，在此推荐一些合适的机型。

在剪辑工作中，硬件消耗最大的是显卡与硬盘，由于Final Cut Pro X只能应用在Mac系统中，所以可选择的机型只有5类：Mac mini、Mac Air、Mac Book、iMac、Mac Pro。如果现有设备影响工作效率，建议更换更高配置的设备。一般而言，HD素材使用新版Mac Book Pro加上单盘（USB 3.0接口）就能够应对；如果要剪辑更高的4K素材，一是建议将素材转换成代理文件剪辑，二是将磁盘升级成磁盘阵列，三是选择双显卡的新版Mac Pro。

有条件的尽量选择双屏剪辑，这样不但能够看得更清楚，而且更有益于颈椎健康，如图2-1所示。

图2-1

2.2 给素材一个家

千里之行，始于足下。本节讲解如何将素材导入 Final Cut Pro X软件中，重点讲解将素材导入软件后如何进行规整。随着剪辑文件的增大，为了保证操作的顺畅，需要删除一些不必要的渲染文件，并使用一些必要的项目管理方法。

2.2.1 Final Cut Pro X的基本构架

为了让大家更形象地理解这款软件，这里用一个个图标来描述它的样子。

软件中可建立若干资源库，资源库下可建立若干事件，事件下可建立若干项目文件以及导入若干素材，如图2-2所示。

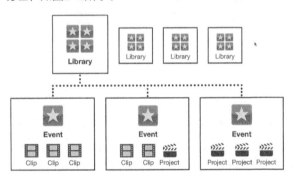

图2-2

2.2.2 资源库、事件、项目的建立

通过图2-2，相信读者已经在脑海里建立了对这个软件构架的基本认知。下面通过实例来学习资源库、事件、项目的建立方法。

▶ **实例——建立资源库**

STEP 01 打开软件。

STEP 02 单击"文件"→"新建"→"资源库"命令，如图2-3所示。

STEP 03 弹出图2-4所示的对话框，根据需要选择资源库建立的位置。如果有多个磁盘，资源库建议放到一个相对安全的磁盘中。

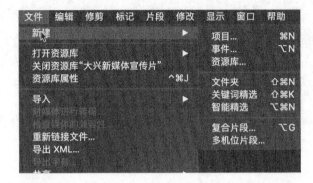

图2-3

图2-4

▶ **实例——建立事件**

STEP 01 在"库"窗口中的空白处单击鼠标右键，在弹出的快捷菜单中选择"新建事件"命令；或单击"文件"→"新建"→"事件"命令；或按快捷键【Option+N】，如图2-5和图2-6所示。

图2-5　　　　　图2-6

STEP 02 在弹出的对话框中，在"事件名称"文本框中输入事件的名称，在"资源库"下拉列表中选择想要添加事件的资源库。

提示： 如果勾选了"创建新项目"选项，那么在新建的事件下会新建一个项目。如图2-7所示，新建一个名为"2.2.2"的事件，同时勾选了"创建新项目"选项。

图2-7

这样就完成了一个事件的创建，如图2-8所示。

图2-8

▶ **实例——建立项目**

在建立事件实例中已经创建了一个"未命名项目"，接下来试着新建一个项目。

STEP 01 在"库"窗口中的任意位置单击鼠标右键，在弹出的快捷菜单中选择"新建项目"命令，如图2-9所示；或单击"文件"→"新建"→"项目"命令，如图2-10所示；或按快捷键【Command +N】。

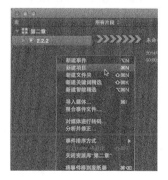

图2-9

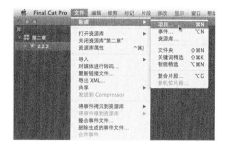

图2-10

STEP 02 在弹出的对话框中，在"项目名称"文本框中输入项目的名称，在"事件中"下拉列表中选择想要添加项目的事件。

在"视频属性"选项组中，可以选中"自定"选项，这里可以选择想要编辑的时间线的视频属性，也可以根据需要选择软件渲染文件的音、视频属性。

提示： 如果选中"根据第一个视频片段进行设定"选项，那么软件会根据拖入时间线的第一个视频文件来设定时间线的视频属性。

这里在2.2.2事件中，新建了一个"2.2.2新建项目"，如图2-11所示。

图2-11

STEP 03 目前已经有了一个"第二章"资源库、一个"2.2.2"事件、"未命名项目"和"2.2.2新建项目"两个项目，成功地给素材准备好了一个"家"。接下来将素材都放入，如图2-12所示。

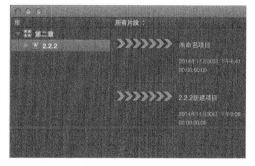

图2-12

2.3 素材导入

本节主要讲解怎样将素材导入软件，以及哪些视频适合直接导入，哪些视频需要进行优化处理。

2.3.1 支持的媒体格式

Final Cut Pro X支持导入和处理的视频、音频和静止图像及容器格式如下。

1. 视频格式

Apple Animation Codec、Apple Intermediate Codec、Apple ProRes（所有版本）、AVC-Intra、AVCHD（包括AVCCAM、AVCHD Lite 和 NXCAM）、DV（包括DVCAM、DVCPRO和DVCPRO50）、DVCPRO HD、H.264、HDV、iFrame、Motion JPEG（仅限OpenDML）、MPEG IMX （D-10）、REDCODE RAW （R3D）、未压缩10位4:2:2、未压缩8位4:2:2、XDCAM HD/EX/HD422、Quick Time等格式。

2. 音频格式

AAC、AIFF、BWF、CAF、MP3、MP4、WAV等。

3. 静止图像格式

BMP、GIF、JPEG、PNG、PSD（静态和分层）、RAW 、TGA、TIFF等。

4. 容器格式

3GP、AVI、MP4、MXF、QuickTime等。

提示：❶ FCPX允许导入PSD（静态和分层），这是本次更新的一大亮点，有机会可以尝试一下。

❷ 在实际应用中，可能会发现MXF或REDCODE RAW （R3D）等无法正常导入，这说明计算机中没有安装相应插件。可以到Final Cut Pro X的官方网址下载相应的插件，并安装到计算机上，素材就可以正常导入了。

2.3.2 文件格式转换

虽然Final Cut Pro X支持导入很多格式的素材，但是有很多素材并不适合直接导入时间线进行剪辑；还有很多素材并不能顺利地导入，需要一个转码的过程，

下面就来介绍如何解决这些问题。

▶ **实例——对于分辨率较高的素材可创建代理文件**

随着技术的发展，4K乃至更高分辨率的超清素材大量涌现。分辨率的提高带给观众的是更细腻的画面、更多彩的颜色、更逼真的影像，与此同时，带给后期制作的问题也日益凸显，就是素材数据量变得巨大，视频码流巨大。

在面对这种素材时，Final Cut Pro X提供了便捷的代理文件方案，本例介绍代理文件的使用。

STEP 01 在"第二章"资源库下，按快捷键【Option+N】建立新事件"2.3.2"，并建立名字相同的项目，快捷键为【Command+N】，如图2-13所示。

图2-13

STEP 02 单击"文件"→"导入"→"媒体"命令，或按快捷键【Command+I】，便会弹出导入对话框，如图2-14所示。

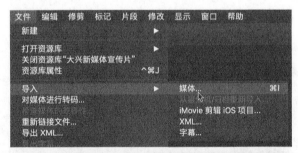

图2-14

STEP 03 在导入对话框中选择需要导入的文件，单击

"导入所选项"按钮，便会弹出导入选项对话框，如图2-15所示。

图2-15

提示1： ❶ 如果勾选"创建优化的媒体"选项，软件便会在资源库中转码生成与所选文件同名且扩展名为.mov的文件，文件编码为Apple ProRes 422，画面尺寸与原尺寸相同。❷ 如果勾选"创建代理媒体"选项，软件便会在资源库中转码生成与所选文件同名且扩展名为.mov的文件，文件编码为Apple ProRes 422

Proxy，画面尺寸为960×540（以分辨率1920×1080为例）。

提示2： 如果媒体已导入媒体库，可选中素材并单击鼠标右键，选择 "对媒体进行转码"命令，如图2-16所示，这时便可勾选"创建优化的媒体"和"创建代理媒体"选项。

图2-16

虽然新版的Final Cut Pro X支持多种格式的素材，也可通过安装插件支持很多原生编码格式，但仍有很多素材并不能够直接导入，这时需要借助第三方软件对原素材进行转码处理，这里推荐一款Mac系统下的格式转换软件： Aimersoft Video Converter Ultimate。当然，还有一些转换软件也可使用，读者可根据自己的需要选择。

2.4 高级素材整理

从某种意义上讲，剪辑就是对原始素材的一种有序组合。"有序"这一点很重要，要做到这一点至少要对素材做到心中有数，那么对素材的整理分类就显得尤为重要。

你是否曾在灵感如泉涌的剪辑思路中，被一个找不到的镜头搞得焦头烂额，当镜头找到时，却已大脑空白、思路全无？Final Cut Pro X会在一定程度上解决这些困扰。

接下来将介绍Final Cut Pro X强大的素材规整功能。

2.4.1 软件外部文件夹整理

虽然Final Cut Pro X提供了强大的规整功能，但为了工作流程的规范性以及体现我们的专业性，还是应该从外部文件夹的整理开始规范素材。根据多年积累的经验，这里推荐几种项目工作的归类方法。

1. 需要多部门协同合作的项目

此类项目一般都属于投资较大的项目，整个后期周期较长，各个岗位分工比较细化，会出现很多修改的版本，而整个项目最后的输出都会汇集到时间线上。因此，需要将外部文件按照部门建立文件夹，包括调色、包装、声音、原始素材、工程文件等。

2. 实拍量很大的项目

我们经常会遇到拍摄量很大的项目，大量的原始素材需要在外部文件夹开始分类。通常会按照日期来分类素材，这时，外部文件夹可以使用这种命名方式："拍摄日期 拍摄机位 拍摄内容概述 摄像师"。如果遇到多机位拍摄的素材，不妨把同一天拍摄的不同机位的素材归到一起，以方便后期调取素材。

2.4.2 通过自动分析原始素材得到元数据

上面说的是外部文件夹的管理方式，适用于不同的剪辑软件，接下来尝试一下Final Cut Pro X独特的素材整理方式。

首先解释一下元数据。元数据分为两种，一种为素材固有的原始数据（包含ISO、帧速率、时间长度、码率、压缩格式等），另一种为通过软件分析得到的数据（Final Cut Pro X的人脸识别技术会甄别每一帧画面，然后给编辑者提供一组有效的分析数据）。

▶ **实例——素材的原始元数据及基本排序**

STEP 01 打开软件，在"第二章"资源库里，按快捷键【Option+N】建立新事件"2.4.2"，并在新事件中建立新项目"2.4.2"，如图2-17所示。

图2-17

STEP 02 将"节目宣传素材"与"外景拍摄素材"两个文件夹的内容尽数导入事件"2.4.2"中。这时呈现在眼前的是一堆杂乱无章的缩略图，如图2-18所示。

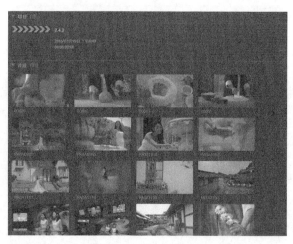

图2-18

Final Cut Pro X提供了几种片段显示及分类方式。

（1）片段显示方式。当前显示方式为"连续画面显示片段" ，单击右边的"列表视图显示片段"按钮

，会发现截然不同的显示方式，如图2-19所示。

图2-19

（2）基础分类方式。Final Cut Pro X并不缺乏常规剪辑软件应该有的功能，在一定程度上做到了"人无我有，人有我优"。单击"资源库中素材排列方式"按钮，会弹出下拉菜单，在这里可以选择片段分组方式及排序方式，赋予素材基本排序规则，如图2-20所示。

图2-20

以"内容创建日期"为例，得到的排列结果如图2-21所示。

图2-21

STEP 03 在资源库中选中一个素材，按快捷键【Command+4】打开检查器窗口，选择"信息"选项卡，如图2-22所示。

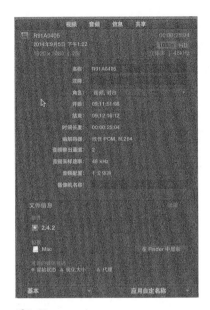

图2-22

在这个窗口中可以看到所选视频片段的基本元数据。单击检查器窗口左下方的"基本"下拉按钮，会打开一个下拉菜单，可选择不同的元数据选项，查看不同种类的元数据，如图2-23所示。

提示： 选择下拉菜单中的"设置"选项，可以更改所选素材的"优先场覆盖"选项，如图2-24所示。

图2-23　　　　图2-24

▶ **实例——查找人物**

Final Cut Pro X有"自动分析"功能，与之并行还有"修正"功能。

"自动分析"功能会对视频片段进行人脸检测，计算人物数量以及人物在画面中所占比例。"修正"功能会对拍摄中摇晃及快速移动镜头带来的果冻效应等问题片段进行标注，以待创作人员进行优化。

STEP 01 选择片段"MI1A8503""MI1A7860""R91A9481"和"MI1A8113"，单击鼠标右键，选择"分析并修正"命令，会弹出一个对话框，如图2-25所示。

图2-25

STEP 02 勾选对话框中的"查找人物"与"在分析后创建智能精选"两个选项，如图2-26所示。

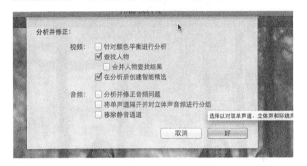

图2-26

STEP 03 分析4个片段后，会在事件中发现一个"人物"文件夹，展开文件夹会发现4个智能精选关键词，这是软件分析给出的结果，如图2-27所示。

图2-27

提示： ❶ 在执行"分析并修正"命令时，可能因为画面的复杂性而导致分析结果有误。视创作内容而定，如果无须进行人脸分析，可不进行此操作，以节省宝贵的运算资源。

❷ 可移除分析所得关键词，用鼠标右键单击关键词，选择"删除智能精选"命令；或按快捷键【Command+Delete】。

2.4.3　手动添加关键词

　　手动添加关键词，让创作人员自主将素材分类，筛选自己心仪的素材片段，从素材规整就开始剪辑工作了。

▶ 实例——新建关键词

STEP 01 打开软件，在"第二章"资源库中建立新事件"2.4.3"（快捷键为【Option+N】），将节目宣传素材导入事件"2.4.3"，如图2-28所示。

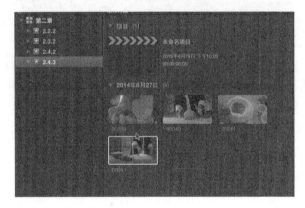

图2-28

　　在这4段素材中，有3段为常速镜头，1段为升格的慢速镜头，用关键词对其进行分类，以方便后期剪辑工作。

STEP 02 选中事件"2.4.3"并单击鼠标右键，在弹出的快捷菜单中选择"新建关键词精选"命令，或按快捷键【Shift+Command+K】，如图2-29所示。

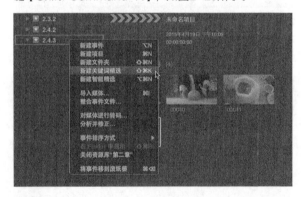

图2-29

STEP 03 新建两个关键词，分别重命名为"常速镜头"与"升格镜头"，如图2-30所示。

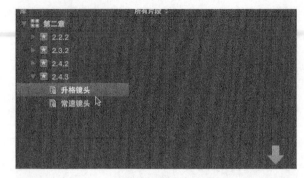

图2-30

STEP 04 单击编号为"00051"的视频片段，按住鼠标左键不放将素材拖曳到关键词"升格镜头"处，当出现"+"标志时释放鼠标左键，如图2-31所示。

图2-31

STEP 05 同上操作，将"00039""00040"两个片段拖放到关键词"常速镜头"处。发现以上3个片段的缩略图上方都出现蓝色线条，选中每一个关键词，都会发现刚刚放置的镜头，如图2-32所示。

图2-32

STEP 06 以上操作可以实现素材的初选，但这还远远不够。继续选中片段"00041"，按空格键播放视频，在片段中用【I】键与【O】键打上出入点，将出入点区域拖曳到关键词"常速镜头"处，如图2-33所示。

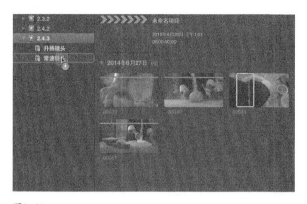

图2-33

此时，片段"00041"只有选中部分出现蓝色条；而且在"常速镜头"中，只显示该片段出入点的部分内容，这种分类方式减少了后期制作的工作量，如图2-34所示。

图2-34

▶ 实例——删除片段的关键词

STEP 01 单击"标记"→"显示关键词编辑器"命令，或按快捷键【Command+K】，如图2-35所示。

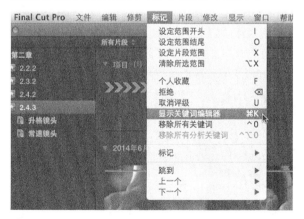

图2-35

STEP 02 删除关键词编辑器中相应的关键词即可，如图2-36所示。

图2-36

2.4.4 通过评价筛选片段

手动添加关键词，已是剪辑软件中素材规整方法的一个创举；而评价筛选片段是素材规整的又一创举，它将进一步解放大脑，让剪辑师将更多的脑力放到完善剪辑思路上。

STEP 01 新建事件"2.4.4"。

STEP 02 将事件"2.4.3"中4个带有关键词的片段复制到事件"2.4.4"中。选中事件"2.4.3"中的4个片段，按住鼠标左键不放，将4个片段拖到事件"2.4.4"处，待事件"2.4.4"被点亮，按住【Option】键，此时会显示一个绿色的加号，释放鼠标左键完成复制，如图2-37所示。

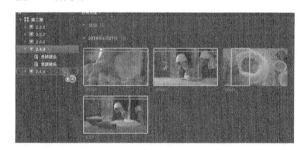

图2-37

提示： 因为此素材是在同一硬盘中，如果不按住【Option】键，软件会将素材直接剪切到新事件中；若素材是在两个硬盘中，复制片段则不需要按住【Option】键，此时要执行剪切操作，则需要按住【Command】键。

STEP 03 在片段"00039""00040""00051"中，利用出入点（快捷键【I/O】）选择你认为有用的部分，如图2-38所示。

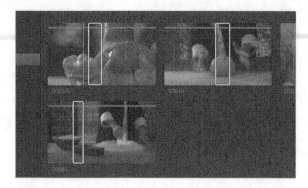

图2-38

STEP 04 选中出入点区域，单击资源库左下方的绿色五角星按钮（快捷键为【F】），如图2-39所示。

STEP 05 这时，以上3个片段被选择的区域多了一条绿色的横线。单击资源库左上角的"所有片段"按钮，在下拉菜单中选择"个人收藏"命令，或按快捷键【Control+F】，如图2-40所示。

图2-39　　　　　　图2-40

此时，资源库中的片段只显示评价过的部分。特别是在素材量很大的时候，第一遍预览就可以挑选想要的镜头，用片段评价的方法可迅速提高工作效率，如图2-41所示。

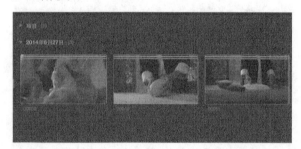

图2-41

提示： ❶ 为片段添加"拒绝"评价。

选择要评价的片段或片段部分，单击资源库下方的"拒绝所选部分"按钮（快捷键为【Delete】），如图2-42所示。

❷ 取消片段评价。

选中被评价的片段或片段区域，单击资源库下方

的空心五角星按钮（快捷键为【U】），片段评价即被删除。

❸ 尝试筛选片段菜单中的不同选项。

筛选片段菜单中还有其他筛选片段的方式，如图2-43所示。根据工作需求，选择合适的筛选片段显示方式。

图2-42　　　　　　　　　　图2-43

2.4.5　添加标记点

Final Cut Pro X还有一种标记素材片段的方法，那就是添加标记点。标记点可添加到片段的某个帧画面，与此同时，可以在每个标记点上记录将要进行的工作。标记点不仅可在事件浏览器中的片段上进行标记，还可在编辑时间上进行标记，有时可以把它当作便利贴，有时还可以充当记号点，总之，它会在工作中带来更多的便利。

STEP 01 按快捷键【Option+N】新建事件"2.4.5"。

STEP 02 如2.4.4节中所讲的方法，将事件"2.4.4"中4个带有关键词的片段复制到事件"2.4.5"。

STEP 03 仔细观察片段"00051"，发现这个升格镜头的后半部分还有一处可用，播放这个片段到大约第20秒处，单击"标记"→"标记"→"添加标记并修改"命令，或按快捷键【Option+M】，如图2-44所示。

为方便查看素材片段，可按快捷键【Command+-/+】来放大或缩小片段。熟能生巧，若想更熟练地操作剪辑软件，提高工作效率，必须更多地使用快捷键来执行有关操作，从而将更多的精力放到创作上。

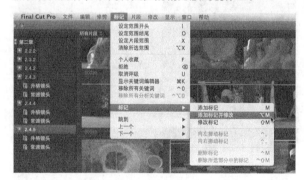

图2-44

STEP 04 此时，片段"00051"第20秒处添加了一个标记点，在光标处输入"可用部分"，如图2-45所示。

图2-45

STEP 05 在资源库中将片段显示模式改为列表视图，此时，展开片段"00051"，片段中智能精选词、片段评价、标记点一目了然。试着单击片段中的3个属性，软件会自动锁定实时选择的区域或标记点。这种片段分类、整理的方式，在素材量较大的工程项目中，在很大程度上减轻了后期编辑的工作量，而且达到了乱中有序的目的，如图2-46所示。

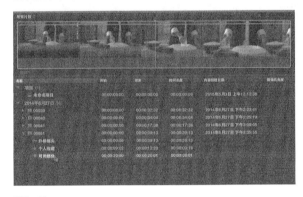

图2-46

提示： ❶ 删除标记点的快捷键为【Control+M】。

❷ 要修改已有标记点内容，可选择标记点，按快捷键【M】，在标记点对话框内修改内容。

❸ 要细微调整标记点位置，可选择标记点，按快捷键【Control +,】或按【Control+.】，标记点向左或向右移动一帧。

❹ 标记点在时间线的工作中也有大用处，后面编辑部分的内容会涉及，不妨在编辑工作中先做尝试。

2.4.6 手动输入片段元数据及使用过滤器

"高级素材整理"这一节非常重要，它将直接影响接下来的编辑工作。作为本节的收尾，将重点介绍部分较为实用的手动输入元数据内容。输入各种元数据以及片段的标记、评价、添加关键词等，这一切都为实现一个目标——快速定位理想的片段，过滤器功能是这一问题的终结。

▶ **实例——输入元数据**

STEP 01 按快捷键【Option+N】新建事件"2.4.6"。

STEP 02 如2.4.4中所讲的方法，将事件"2.4.2""2.4.5"中的所有素材复制到事件"2.4.6"中，此时事件中充斥着各种各样的素材，如图2-47所示。

图2-47

STEP 03 当前事件的排列方式是默认的以内容创建日期升序排列，如图2-48所示。

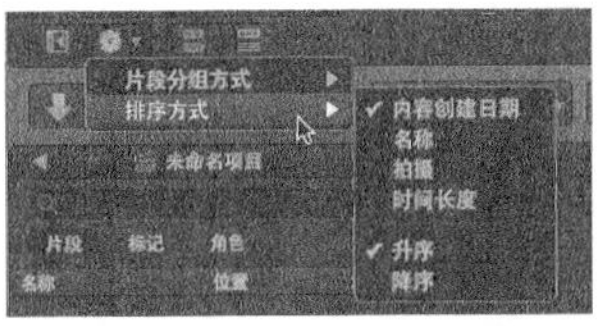

图2-48

STEP 04 以片段"R91A9710""R91A9714""R91A9430"为例，手动输入片段元数据。同时选中片段"R91A9710""R91A9714"，在检查器中选择"信息"选项卡，如图2-49所示。若检查器还没有打开，可单击"检查器"按钮，或按快捷键【Command + 4】。

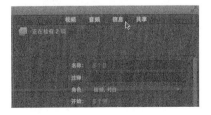

图2-49

STEP 05 在检查器下方的"元数据"下拉列表中选择"扩展"选项，如图2-50所示。

图2-50

STEP 06 此时，检查器中会出现很多选项，在"场景"文本框中输入"海边"，这样就人为地赋予这两个片段"海边"场景元数据，如图2-51所示。

图2-51

▶ **实例——元数据"角色"的应用**

STEP 01 选择片段"R91A9714""R91A9430"，在检查器的"信息"选项中展开"角色"选项，选择"编辑角色"选项，如图2-52所示。

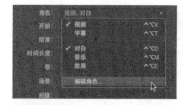

图2-52

STEP 02 此时会弹出"角色编辑器"对话框，单击对话框左下方的加号按钮，在弹出的下拉菜单中选择"新视频角色"选项，将新角色命名为"女主角"，如图2-53所示。

图2-53

STEP 03 关闭角色编辑器，完成新角色的建立。"信息"选项的"角色"选项中已经新增了"女主角"这个角色，选择"女主角"，如图2-54所示。

图2-54

▶ **实例——过滤器功能的强大之处**

STEP 01 在事件"2.4.6"中，按快捷键【Command+Option+N】新建智能精选"2.4.6精选"，如图2-55所示。

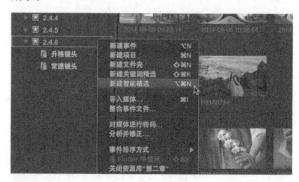

图2-55

STEP 02 双击智能精选词"2.4.6精选"，弹出"过滤器"对话框。

STEP 03 单击"过滤器"对话框右上方的加号按钮，在弹出的下拉菜单中分别选择"角色""格式信息"选项，如图2-56所示。

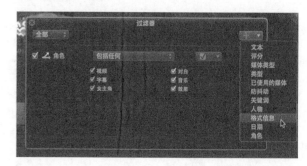

图2-56

STEP 04 在"过滤器"对话框中，"角色"选项只勾选"女主角"；在"格式"选项中选择"场景"分类，输入"海边"。此时，智能精选词"2.4.6精选"中只显示了片段"R91A9714"，这个片段同时满足场景

"海边"与角色"女主角"，如图2-57所示。

"女主角"的片段，如图2-58所示。

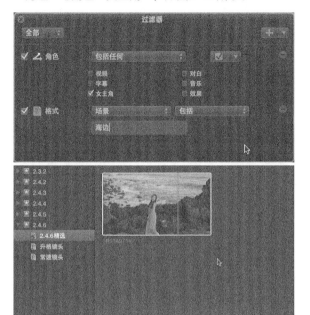

图2-57

图2-58

STEP 05 与此同时，过滤器还提供了更多的筛选方式。单击过滤器左上方的"全部"按钮，弹出下拉菜单，选择"任意"选项。此时，智能精选词"2.4.6精选"中显示了3个片段"R91A9710""R91A9714""R91A9430"，它们是满足场景"海边"或角色

提示： ① 过滤器中还有很多选项，未能在此——展示，大家可在实际操作中多做尝试。

② "角色"分配功能在输出成片时另有用途，在接下来的内容中会做详细介绍。

2.5 项目管理

当剪辑工作进行一段时间后，可能因为种种原因需要调整项目的有关属性，或者发现剪辑软件越来越慢等，本节将介绍软件中的项目管理。

2.5.1 修改项目名称和属性

STEP 01 按快捷键【Option+N】新建事件"2.5"。

STEP 02 在事件"2.5"中，单击项目名称"未命名项目"处，重新输入"项目2.5"，完成对项目的重命名，如图2-59所示。

STEP 03 选中重命名后的"项目2.5"，如果此时检查器没有打开，应先打开检查器，快捷键为【Command + 4】，单击"修改设置"按钮，如图2-60所示。

图2-59

图2-60

STEP 04 此时会弹出图2-61所示的对话框，在其中可以修改"项目名称"及其他有关项目属性。

在"视频属性"下拉列表中，可以发现软件支持4K甚至更大分辨率的视频；"音频通道"下拉列表中有"环绕声"选项。无论是音频还是视频，FCPX都紧跟时代潮流，这也是我们推荐这款软件的原因。

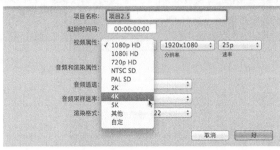

图2-61

2.5.2　调整渲染文件、代理文件位置

固态硬盘技术的推出，从根本上打破了机械硬盘读/写素材的瓶颈，越来越多的计算机开始使用固态硬盘作为系统硬盘，然而问题也开始暴露出来：固态硬盘短时间内还无法解决大存储容量的量产问题。

在实际工作中你是否也会遇到这样的困境：将工作的资源库建立在系统盘，因为这样能在一定程度上提高软件的运算效率，然而随着工程不断进行，渲染文件越来越大，本地硬盘可用空间越来越少。此时，需要将渲染文件、代理文件以及资源中的原始文件更换位置。

与FCP7不同，FCPX在新建工程初期，需要选择

渲染文件、自动保存库、波形图缓存等一些专业参数的存储路径，否则无法在软件的偏好设置中找到相关信息。

FCPX是一款基于资源库框架的编辑软件，因此一个完整的工程文件就是一个以资源库为单位的工程。

STEP 01 选中资源库"第二章"，如图2-62所示，打开检查器（快捷键为【Command+4】）。

图2-62

STEP 02 检查器会显示资源库中所有渲染文件、分析文件、缩略图图像和音频波形文件，这些文件所占空间的大小，以及其他这个资源库的基本信息。

单击检查器窗口"储存位置"后的"修改设置"按钮，如图2-63所示。

图2-63

STEP 03 在"媒体"下拉列表中选择"选取"选项，如

图2-64所示，此时会弹出一个对话框，可以在对话框中选择系统下任意一个磁盘放置需要导入资源库的视频文件。

图2-64

STEP 04 用此方法还可以更改缓存文件、备份文件的位置。

在此建议，可将媒体文件放到空间较大的磁盘中，因为一些需要软件重新封装的视频文件体积较大；如果系统硬盘够大，而且是固态硬盘，建议将缓存文件放置到系统盘下，这样可以在一定程度上加快软件的运行速度，不必担心缓存文件越来越大，因为可以定时清理；至于备份文件，因为它是资源库的备份，建议不要将它放在与工程资源库相同的磁盘中，尽量放到可靠程度较高的磁盘中，如RAID5或其他高保障的磁盘，这样可降低硬盘损坏带来的风险。

为保证本书工程文件的完整，在此不更改相关文件的存放路径。

2.5.3 复制项目与建立快照

在这个行业中不可避免地要反复修改项目，因为这是创造性的工作，往往我们的想法与客户的想法会有些许冲突。多年的从业经验告诉我，为了让你和客户都有"后悔药"可用，复制项目是必不可少的工作内容之一。

STEP 01 选中"项目2.5"并单击鼠标右键，选择"复制项目"命令，或按快捷键【Command+D】，如图2-65所示。

图2-65

STEP 02 事件"项目2.5"中多了一个名为"项目2.5 1"的项目文件，将"项目2.5 1"重命名为"项目2.5.3"，如图2-66所示。此时，就得到了一个复制的项目，可以在这里进行项目的修改，与此同时，也可以随时调出上一版的成果来作对比。

图2-66

STEP 03 心细的读者一定会发现"复制项目"命令的下面还有一个"将项目复制为快照"命令，用鼠标右键单击"项目2.5"，选择"将项目复制为快照"命令（快捷键为【Shift+Command+D】），如图2-67所示。

图2-67

STEP 04 这时，事件2.5中多了一个"项目2.5快照"文件，快照文件会显示具体的工作日期和时间，如图2-68所示。

这里简单分析一下复制项目与将项目复制为快照的区别。复制项目是将工程文件连同后台的渲染文件、波形文件及替身文件复制到新建项目中；而项目快照只是将时间线所在的工程文件重新复制一遍。

图2-68

2.5.4 整理事件和项目

在遇到时长较长的影片剪辑时，往往会因为渲染文件太多而导致软件运行特别慢。因此，当遇到很大的工程时，特别是到项目后期时，合理的优化整理就显得非常重要。

STEP 01 如果已经完成了剪辑工作，而且外部文件放置的比较规整，建议重新建立一个资源库，然后将工程所在的项目复制到新的资源库中，关闭原来的资源库，这样软件响应速度会有很大程度的提高。

STEP 02 还可以删除渲染文件。选中"项目2.5"，单击"文件"→"删除生成的项目文件"命令，如图2-69所示。

图2-69

STEP 03 在弹出的对话框中，选择想要删除的文件类型，如图2-70所示。

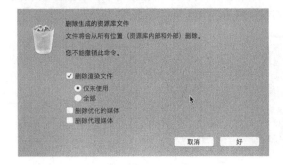

图2-70

STEP 04 当然也可以选择手动方式来完成渲染文件的删除。找到资源库在磁盘中的位置，单击鼠标右键，选择"显示包内容"命令，如图2-71所示。

图2-71

STEP 05 如图2-72所示，依次展开文件，可以删除文件夹"High Quality Media""Peaks Data""Thumbnail Media"中的文件，这些就是渲染文件，但要保留以上文件夹。

图2-72

下面介绍一下其他文件夹中放置的文件。

Original Media：存放软件所导入的原始素材；如果原始素材放置在原来的位置，此文件夹中也会有一个原始素材的替身文件。

Render Files：渲染文件所在文件夹。

Shared Items：当资源库中的事件有素材共享时，事件中便会增加此共享文件夹。

Transcoded Media：代理文件所在的文件夹。

第 **3** 章　造梦空间——初级剪辑

经过前两章的学习，相信大家已经做好了剪辑的前期准备工作。接下来要开始学习软件的基本编辑功能，完成影片的粗剪工作。

读者在素材规整阶段就已经感受到了FCPX的苹果风格，在编辑阶段这个软件的表现依旧不会令人失望。其引用个性化的磁性时间线，颠覆所有传统剪辑软件的操控思维，使用更加人性化的操作方式，真正做到了人机合一的完美操控。

3.1　连接、插入、追加和覆盖

粗剪工作，基本上可以看作是把素材从媒体池有序地拖到时间线上的工作。接下来介绍几种把素材从媒体池拖到时间线上的方法。

首先，建立一个名为"第三章"的资源库，以及一个名为"3.1"的事件，将素材中的"外景素材"导入事件"3.1"中。为了增加剪辑节奏，这里导入一首钢琴曲，可以按照第2章所学的素材归类方式给素材归类（因为个人习惯不同，且素材量不是特别大，在工程文件中暂不分类）。

单击"编辑"菜单，在菜单中可依次看到连接、插入、追加、覆盖的编辑方式，对应的快捷键依次为【Q】、【W】、【E】、【D】，如图3-1所示。下面尝试用一下这几种编辑方式。

图3-1

将导入素材的"片段分组方式""排序方式"全部设置为"内容创建日期""升序"，会发现5段同一场景的素材，下面就以这个小场景的素材为例，进行素材编辑方式的演示，如图3-2所示。

图3-2

STEP 01 利用标记出入点快捷键【I】、【O】，从5个片段中选择认为有用的部分，如图3-3所示。

图3-3

提示： 限制源媒体。

在类似于宣传片、MV等风格影片的剪辑中，往往不需要视频所带的同期声，只需取得所选片段的音频部分。为了简化工作步骤，FCPX提供了一个简便的方式。

单击"编辑"→"源媒体"命令，或在时间线左上角单击下拉按钮，可见软件提供了3种源媒体的选项：全部、仅视频、仅音频，快捷键分别为【Shift+1】、【Shift+2】、【Shift+3】，如图3-4所示。

图3-4

提示： 视频和音频预览。

> FCPX提供了一个新的功能——视频和音频预览，只需要拖曳鼠标就可以轻松地预览视频。

要开关视频和音频，可单击时间线右上角的预览开关或按快捷键【S】，如图3-5所示。由于鼠标拖曳速度不一，在预览时会感到音频播放的声音有些怪异，那么可以尝试只关闭音频预览，快捷键为【Shift+3】。

图3-5

STEP 02 在"源媒体"选项中选择"仅视频"选项，或按快捷键【Shift+2】。此时会发现，时间线左上角处的按钮有细微的改变，原本片段的标志变成了一个人物的标志，软件的细节做得非常到位，如图3-6所示。

图3-6

STEP 03 选择片段"PA0A1107"，并确认已经在片段上打好出入点，然后按快捷键【Q】，或单击时间线左上方的"将所选片段连接到主要故事情节"按钮，会发现片段"PA0A1107"被放到时间线的顶端，并与下方的磁性时间线用小的连接棒连接。至此，已完成一个片段的连接编辑，如图3-7所示。

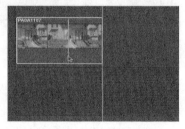

图3-7

STEP 04 保持播放头在片段"PA0A1107"尾部位置，选择片段"PA0A0963"，并确认已经在片段上打好出入点，然后按快捷键【W】，或单击时间线左上方的"将所选片段插入到主要故事情节或所选故事情节"按钮，如图3-8所示。

图3-8

片段"PA0A0963"中被选择的部分被插入磁性时间线，完成了插入编辑，如图3-9所示。

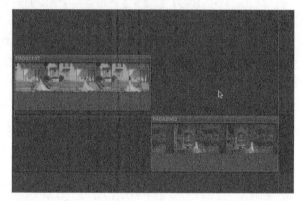

图3-9

STEP 05 选择片段"PA0A0965"，并确认已经在片段上打好出入点，然后按快捷键【E】，或单击时间线左上方的"将所选片段附加到主要故事情节或所选故事情节"按钮，如图3-10所示。

图3-10

片段"PA0A0965"被放到了磁性时间线的末端，完成了追加编辑，如图3-11所示。

图3-11

STEP 06 保持播放头在片段"PA0A0965"尾部位置，选择片段"PA0A1052"，并确认已经在片段上打好出入点，然后按快捷键【D】，将片段"PA0A1052"放到片段"PA0A0965"的后面，就完成了覆盖编辑，如图3-12所示。

图3-12

经过上述操作，基本理解了这4种编辑方式的含义。但是从操作效果来看，连接、插入、覆盖、追加这4种编辑方式似乎没有什么区别。

这4种编辑方式的区别可通过一个简单的示意图来区分。假设有A、B、C、D4个片段。其中，A、B、C3个片段已顺序排列到磁性时间线上，播放头处在视频A、B的交接处。

此时，分别完成连接、插入、覆盖、追加这4种操作（快捷键分别为【Q】、【W】、【D】、【E】），将会分别得到图3-13所示的结果。

连接：将片段连接到磁性时间线上的播放头所处的视频片段上。

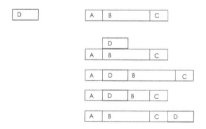

图3-13

插入：将片段插入磁性时间线上的播放头所在的视频片段处，原播放头后的视频依次向后延续。

覆盖：将片段覆盖到磁性时间线上的播放头处，原视频位置不变。

追加：将片段追加到本磁性时间线末端的位置。

STEP 07 将片段"PA0A1049"选中的部分"追加"到时间线的结尾处，如图3-14所示。

图3-14

STEP 08 现在已经完成了这个场景的基本组接，可以加入音乐感受一下。将播放头移至时间线的前端（快捷键为【Home】），到媒体池中选择音乐，然后连接到时间线中，如图3-15所示。

图3-15

将播放头移至时间线前端，然后按空格键或按【L】键，播放时间线上的内容。似乎音乐与画面的节奏上有些问题，可以把问题放到后面的小节来解决。

提示： 剪辑软件中的播放与暂停、快进、快退。

本书中会提及大量快捷键的操作，因为键盘操作会更加精准与高效。所以在实际工作中，能用键盘完成的操作，尽量避免使用鼠标操作。

在编辑工作中，播放与暂停常用快捷键为空格键。在浏览大量原始素材时，为避免漏看镜头，会经常用到快进、快退的方法来查看素材。FCPX提供了【J】、【K】、【L】3个快捷键：按一次【J】键为正常倒放速度，按两次为两倍倒放速度，以此类推，增加倒放速度；按一次【L】键为正常播放速度，按两次为两倍播放速度；【K】键为暂停键。

3.2　项目工具

经过上一小节的学习，大家已经能够根据自己的需要，通过多种编辑方式将素材放置到时间线上。这一节来学习如何对时间线上的素材进行进一步的编辑。

首先认识一下软件提供了哪些工具，以及这些工具的具体用法。单击界面中部工具栏中的下拉按钮，会展开一个工具列表，可以看到软件共提供了7种工具。它们分别是"选择、修剪、位置、范围选择、切割、缩放、手"，这7种工具所对应的快捷键分别是【A】、【T】、【P】、【R】、【B】、【Z】、【H】，希望大家牢记这些快捷键，这样才能够在剪辑工作中熟练地切换这7种工具，如图3-16所示。

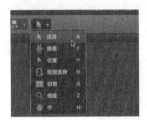

图3-16

1."选择"工具（快捷键为【A】）

这是软件中常见的一种工具，可在时间线上选择单个片段或框选多个片段，也可在资源库中选择单个或多个片段。

2."修剪"工具（快捷键为【T】）

其他剪辑软件中也有类似工具，但FCPX中的修剪工具近乎完美。考虑到会有很多初学者阅读本书，为了学习的循序渐进，本节先学习一些比较简单的操作方式。

▶ 实例——修剪练习

STEP 01 在"第三章"资源库中建立新的事件"3.2"，并将事件"3.1"中的工程文件"3.1"复制到事件"3.2"中，然后将复制过来的工程文件"3.1"重命名为"3.2"。按快捷键【Home】，从头观看最初剪辑的影片，并发现其中的问题。

时间线上的镜头逻辑没有太大问题，但第一个镜头中演员的进入有点早。使用"修剪"工具来完成接下来的工作。

按快捷键【T】，选择"修剪"工具，如图3-17所示。

图3-17

STEP 02 单击片段"PA0A1107"，片段的状态如图3-18所示。

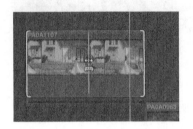

图3-18

STEP 03 按住鼠标左键不放，将鼠标缓缓向右拖曳，会发现检视器中出现两个画面，左侧显示的是本片段在时间线中起始帧的画面，右侧显示的是本片段在时间线中末帧的画面，如图3-19所示。

图3-19

STEP 04 左右拖曳鼠标，时间线中会显示修剪片段的时间。选择认为比较合适的起始帧画面位置，如图3-20所示。

图3-20

为了让初学者更形象地理解这个功能，用示意图来展示上面的操作。如果有一段10帧的动画，只需要时间线上的第4~7帧，这时"修剪"工具就会将画面整体移动3帧，如图3-21所示。

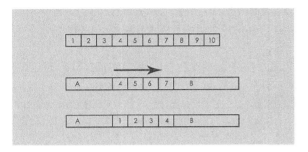

图3-21

3．"位置"工具（快捷键为【P】）

如果是第一次尝试在磁性时间线上进行编辑工作，也许还不是很适应这种工作模式，这个工具可帮助剪辑者度过最开始的适应期。

按快捷键【P】，在时间线中随意移动视频片段，会发现时间线仿佛失去了磁性。但是要小心，时间线可能因为移动片段增加一些空隙。

4．"范围选择"工具（快捷键为【R】）

"范围选择"工具是一个在浏览素材时经常用到的工具。如果一段素材比较长，而只需要其中的几个段落，为了提高工作效率，连贯工作思路，"范围选择"工具就是一个不错的选择。

▶ 实例——范围选择练习

STEP 01 以片段"PA0A0963"为例。为了方便学习，首先按快捷键【Command+=】或拖曳资源库窗口右下方的标尺工具▇▇，把资源库中的视频片段放大，如图3-22所示。

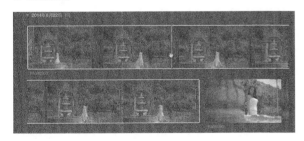

图3-22

STEP 02 播放视频，选择需要的片段起始位置，按快捷键【R】，选择"范围选择"工具，按住【Option】键不放，同时按住鼠标左键不放，从需要片段的起始位置

一直拖曳到结束位置，就完成了第1个选区的建立。

如果这个片段只需要一个选区，或者在建立多个选区中的第1个选区时，可以利用快捷键【I】、【O】，采用传统的打点方式建立选区，如图3-23所示。

图3-23

STEP 03 继续播放视频，并从需要的位置开始建立第2个选区。从第2个选区的起始帧开始，按住【Command】键不放，同时按住鼠标左键不放，从第2个选区的首帧拖曳到末帧，就完成了第2个选区的建立。

可将鼠标指针移动至选区前后端，待鼠标指针变成双向箭头时，按住鼠标左键左右拖曳，可更改选区范围，如图3-24所示。

图3-24

STEP 04 为了防止错误操作而取消选区，也为了更加明显地标记选区，建议用第2章中学习的评价片段的方式标记选区。按住【Command】键同时选中两个选区，按快捷键【F】评价片段，如图3-25所示。

图3-25

STEP 05 按快捷键【X】，可快速取消片段中的所有选区；或选择单个选区，按快捷键【Option+X】取消单个选区。使用片段评价后，即使不小心误删选区，所选片段区域仍然可以看到，如图3-26所示。

图3-26

提示： 区域重复播放功能。

在编辑过程中，会对某些关键段落反复打磨。这其中会因为时间线长度的增加，而苦于寻找播放位置。

这里推荐一个好方法：使用"范围选择"工具，在时间线中建立需要重复播放的区域，如图3-27所示。

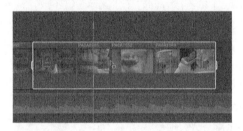

图3-27

按快捷键【`】，会发现播放头从选区的首帧位置开始播放，然后在选区的结尾处暂停。暂停后，如果想继续向下播放视频，可按空格键；如果想再看一遍选区内容，可再次按快捷键【`】。

5. "切割"工具（快捷键为【B】）

"切割"工具是剪辑软件中常见的工具。按快捷键【B】，然后在相应的视频处单击，即可完成片段的切割，如图3-28所示。

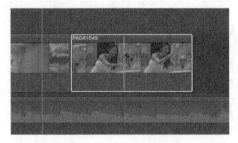

图3-28

6. "缩放"工具（快捷键为【Z】）

剪辑工作是一个段落一个段落进行的，所以会经常放

大或缩小时间线，以完成对时间线上某个部分的操作。

FCPX除了提供传统的快捷键【Command+ −/+】来进行放大和缩小之外，还提供了"缩放"工具。

按快捷键【Z】，会发现鼠标指针在时间线区域变成放大镜的形状，单击会发现时间线放大了一个级别；按住【Option】键不放单击，会发现时间线缩小了一个级别。

▶ **实例——体验"缩放"工具的强大功能**

STEP 01 按住鼠标左键不放，将鼠标从片段"PA0A0963"向左拖曳到片段"PA0A1049"，如图3-29所示。

图3-29

STEP 02 这时会发现，这4个片段会充满整个时间线，这是"缩放"工具带来的区域放大功能。

提示： 全部显示时间线。

当进行较长长度的影片剪辑时，经常会因为时间过长，而无法准确找到需要操作的影片位置，这里推荐一个简单的办法。

按快捷键【Shift+Z】，此时时间线区域会显示整条时间线的内容。在此基础上使用区域放大功能，选择想要放大的区域。仅需两个动作就能够快速进入想要编辑的区域，大大提高了编辑效率。

7. "手"工具（快捷键为【H】）

抓手工具对于经常使用Photoshop、Auto CAD等制图软件的人来说并不陌生。在编辑工作中，通过鼠标滚轮来滚动显示时间线上下区域的操作。对于左右滚动就会有点麻烦，"手"工具就能很好地解决这个问题。

按快捷键【H】，会发现鼠标指针在时间线区域变成了手形状，按住鼠标左键不放，上下左右拖曳光标，可以非常轻松地查看时间线的各个位置。

3.3 文件属性及运动参数

本节将详细介绍对单个视频文件进行修改的相关参数，为接下来的动画制作打下基础。

先在"第三章"资源库中建立新的事件"3.3"，并将事件"3.2"中的工程文件"3.2"复制到事件"3.3"中，然后将复制过来的工程文件"3.2"重命名为"3.3"。

现以片段"PA0A1049"为例进行讲解。

STEP 01 选择时间线末端的片段"PA0A1049"。

STEP 02 如果检查器没有打开，可使用快捷键【Command+4】打开检查器窗口。此时，检查器窗口显示的是片段"PA0A1049"的相关信息，如图3-30所示。

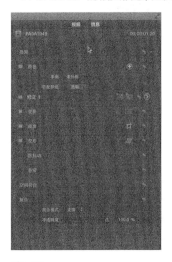

图3-30

STEP 03 选择"信息"选项卡，会显示本片段的时长、分辨率、制式等相关信息，如图3-31所示。其中有角色分配的部分，会放到输出的章节进行讲解。

图3-31

STEP 04 这里介绍优先场及摄像机的色彩添加。单击检查器窗口左下方的"扩展"按钮，在打开的下拉菜单中选择"设置"选项，如图3-32所示。

STEP 05 会发现检查器中的内容有所改变，展开"优先场覆盖"下拉列表，在其中可以选择优先场，如图3-33所示。

图3-32　　　　　　图3-33

STEP 06 展开"日志处理"下拉列表，会发现其中有很多现下主流摄像机的色彩方案。可以根据调色及客户需要选择合适机型的色彩解决方案，如图3-34所示。

图3-34

STEP 07 选择检查器"视频"选项卡，将"变换"这一栏展开，可以直接输入数字对视频进行相应参数调整。与此类似，还可以继续展开"裁剪""变形"等栏，对本段视频进行相应参数的修改，如图3-35所示。

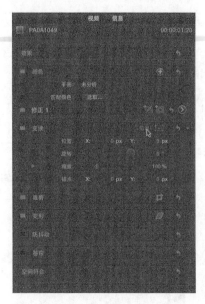

图3-35

表，其中有各种混合模式，在以后的工作中是非常重要的，如图3-36所示。

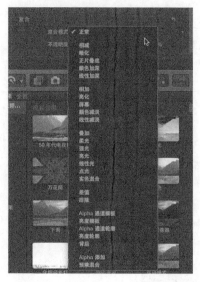

图3-36

STEP 08 在"视频"选项中，需要特别介绍的是"复合"这个选项。展开这个选项中的"混合模式"下拉列

3.4 使用关键帧改变运动参数制作动画

后期编辑是对前期素材的二次创作，在后期制作中不仅要将镜头排列组合到一起，还要尽可能地巧妙弥补拍摄中的不足。

本节就学习一下如何利用修改运动参数来进行画面的弥补。

在"第三章"资源库中建立新的事件"3.4"，并将事件"3.3"中的工程文件"3.3"复制到事件"3.4"中，然后将复制过来的工程文件"3.3"重命名为"3.4"。

从头观看一下工程文件"3.4"中的视频，利用前面所学的知识，对视频的节奏做进一步的修改。

将画面节奏调整合适后，会发现这组镜头中的第一个片段"PA0A1107"画面太过死板；最后一个片段"PA0A1049"的构图有些问题，画面主体太过向上，接下来根据这些情况进行一些调整。

修改片段的思路是，利用关键帧动画，为第一个片段"PA0A1107"做一个缓推的动画；利用画面运动的过程，将片段"PA0A1049"放大，并重新构图。

3.4.1 在检查器中设置关键帧

STEP 01 利用"选择"工具选择第一个片段"PA0A1107"，将播放头放到片段的开头，如图3-37所示。

图3-37

STEP 02 在检查器中将"变换"栏展开，如图3-38所示。

图3-38

STEP 03 单击"缩放"参数右侧的"添加关键帧"按钮，添加关键帧后按钮会变成黄色，如图3-39所示。

图3-39

STEP 04 选择视频片段"PA0A1107"，将播放头移动到该片段的尾部，如图3-40所示。

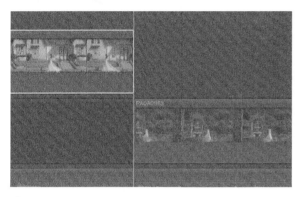

图3-40

STEP 05 在检查器中，单击"缩放"参数值"100%"，输入数字108并按【Return】键，会发现按钮变成黄色，说明这个视频片段的末帧已经添加了关键帧，如图3-41所示。

图3-41

STEP 06 将磁性时间线中的播放头放到视频片段"PA0A1107"开头处，然后播放本片段，会感觉视频片段正在缓缓向前推进，这样就完成了本片段从100%到108%的放大。

3.4.2 在画布中设置关键帧

在检查器的左下角能够展开一个下拉菜单，其中包含"变换、裁剪、变形"3种操作模式，如图3-42所示。下面通过实例介绍这3个选项的应用。

图3-42

提示： 变换、裁剪、变形的快捷键分别为【Shift+T】、【Shift+C】、【Option+D】。

▶ **实例——变换练习**

STEP 01 利用"选择"工具选择第一个片段"PA0A1049"，将播放头放到片段的开头，如图3-43所示。

图3-43

STEP 02 单击检视器左下角的下拉按钮，在弹出的下拉菜单中选择"变换"选项。

STEP 03 此时检视器中的周围会出现一个有8个控制点的画框，因为需要将画面放大的比例较大，所以先将片段的起始帧进行部分放大。

选择其中一个角，按住鼠标左键不放，缓缓向外拖曳鼠标，视频就会被慢慢放大，如图3-44所示。

图3-44

此时会发现检查器"变换"栏中的4个选项都已添加了关键帧，如图3-45所示。

图3-45

STEP 04 将播放头移动到片段"PA0A1049"的最后一帧处，如图3-46所示。

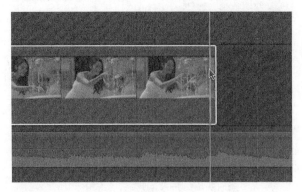

图3-46

STEP 05 在检视器中，再确定一下画面末帧位置的关键帧设置。此时，对画面进行细微的放大处理，然后在检视器中的任意位置按住鼠标左键不放，左右拖曳鼠标。因为视频已被放大，所以可以方便地根据构图的需要来调整画面位置。

STEP 06 在第4步的操作中，已将"变换"栏中的4个选项建立关键帧，对画面其他位置进行放大、位移处理后，软件将会在新的位置上自动建立关键帧，如图3-47所示。

图3-47

▶ **实例——裁剪练习**

STEP 01 选择下拉菜单中的"裁剪"选项，发现检视器正中间的下部会出现3个按钮，如图3-48所示。

图3-48

STEP 02 单击"修剪"按钮后，检视器中会显示一个与视频原画相当的修剪边框，如图3-49所示。

图3-49

STEP 03 按住鼠标左键，拖曳任意一角，即可完成画面的修剪；如果按住【Option】键，拖曳其中一角，会以左右对称的方式修剪画面，如图3-50所示。

图3-50

STEP 04 按快捷键【Command+Z】恢复上一步的操作，单击"裁剪"按钮，如图3-51所示。

图3-51

此时，画面中出现的一个与画布相同大小的裁剪边框（即使原画超过画布大小），如图3-52所示。

图3-52

STEP 05 按住鼠标左键，拖曳任意一角，即可完成画面的裁剪（画框的宽高比不可改变）；如果按住【Option】键，拖曳其中一角，会以中心对称的方式裁剪画面，如图3-53所示。

图3-53

STEP 06 裁剪边框可以随意移动位置。单击检视器窗口右上角位置的"完成"按钮，裁剪边框中的内容便会充满画布，如图3-54所示。

图3-54

STEP 07 按快捷键【Command+Z】恢复上一步的操作，选择片段"PA0A0965"，单击"Ken Burns"按钮，如图3-55所示。

图3-55

此时检视器中会出现"开始"和"结束"两个边框，如图3-56所示。

图3-56

STEP 08 调整"开始"和"结束"两个边框的位置与大小，可以让效果更加突出，将"开始"与"结束"的距离拉大一些，如图3-57所示。

图3-57

STEP 09 单击"完成"按钮，就完成了本视频片段第1帧"开始"边框的关键帧设置，以及末帧"结束"边框的关键帧设置，播放片段观察效果。

STEP 10 单击检查器窗口中"裁剪"选项右边的还原按钮，还原对本片段的裁剪操作，如图3-58所示。

图3-58

▶ **实例——变形练习**

STEP 01 单击检视器窗口左下角的下拉按钮，选择"变形"选项，如图3-59所示。

图3-59

STEP 02 检视器中会出现一个与原视频相同大小的变形边框，拖曳任意一点，画面会发生相应的变形，如图3-60所示。

图3-60

STEP 03 按快捷键【Command+Z】或单击检查器中"变形"选项的还原按钮,可以将本片段视频恢复到原始状态。

3.4.3 在时间线中控制关键帧

通过前面两节,我们已经学会了在检查器、检视器中设置关键帧。本节将介绍如何在时间线中控制关键帧及相应的操作。

STEP 01 选择片段"PA0A1049",单击鼠标右键,会弹出一个快捷菜单,如图3-61所示。

图3-61

STEP 02 选择快捷菜单中的"显示视频动画"命令或按快捷键【Control+V】,此时,发现视频片段向上展开,如图3-62所示。

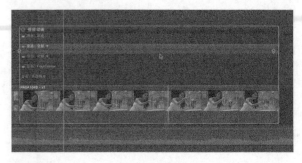

图3-62

STEP 03 播放视频片段"PA0A1049",发现整个关键帧运动太慢,缩短这段运动时间,效果会更好。

选择片段后面的关键帧,然后按住鼠标左键将后一个关键帧向前拖曳,如图3-63所示。

图3-63

STEP 04 播放修改后的画面,就完成了在时间线中对关键帧的控制。当然,与此相同,其他关键帧位置也可在时间线中控制。

3.5 修剪片段开始点和结束点

在剪辑工作中,常使用的一种操作是剪掉片段多余的头和尾。一般在其他剪辑软件中,要完成这一动作至少需要两步操作,而在FCPX中这个操作简单得多。

STEP 01 随意选择一个片段放到时间线上,如图3-64所示。

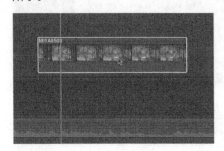

图3-64

STEP 02 将播放头放到视频片段的开始位置,按快捷键【Option+[】或单击"修剪"→"修剪开头"命令,会发现片段的开头已经被移动到播放头处,如图3-65所示。

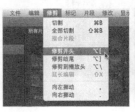

图3-65

STEP 03 与此相同,可以试一下片尾的修剪工作。

▶ 实例——修剪剪辑点

不但可以缩短开头和结尾的剪辑点，也可以加长剪辑点。

STEP 01 单击片段结尾处的剪辑点，然后将播放头移动到结尾处的任意位置（不要超过片段的原始长度），如图3-66所示。

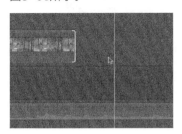

图3-66

STEP 02 按快捷键【Shift+X】或单击"修剪"→"延长编辑"命令，片段的结尾便会到达播放头的位置，如图3-67所示。

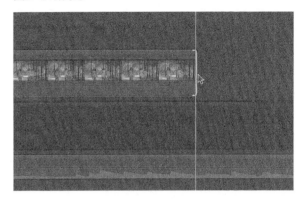

图3-67

3.6 速度控制

FCPX提供了强大的速度控制系统，而且在操作上比上一版本FCP7便捷很多，本节先介绍速度控制的基本应用。

在具体操作之前，先在"第三章"资源库中建立新的事件"3.6"，将事件"3.4"中的工程文件"3.4"复制到事件"3.6"中，并将复制过来的工程文件"3.4"重命名为"3.6"。

▶ 实例——速度控制的基本应用

STEP 01 在时间线中，根据音乐的节奏，增加几个画面。

提示： 在剪辑带有背景音乐的片段时，通常会根据音乐的节奏来进行剪辑，当然也不是完全将剪辑点与音乐的节奏点对齐。有时音乐的节奏点也是画面的高潮点，有时也会刻意回避音乐的节奏点。利用前面所学的标记点功能，给音乐的节奏点作标记，为剪辑提供参照，如图3-68所示。

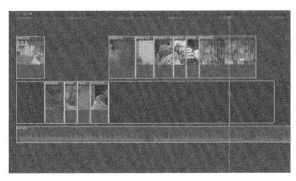

图3-68

STEP 02 经过修改，这个段落有几个音乐节奏点已经与剪辑点对齐，整个片段的节奏还可以。但是，会感觉到个别片段不太舒服。原因出在哪里呢？其实，在这个类似于MV的片段剪辑中，有些画面会做适当的慢放处理；伴随着升格摄像机的普及，有条件的摄制组还会在前期拍摄时就使用升格拍摄，这样做的主要目的在于，慢放的镜头在画面情绪上更具张力。

现在利用FCPX强大的速度控制功能，对这个片段进行改进。

选择片段"PA0A1107"，单击界面中部工具栏右侧的"重新定时"按钮，在弹出的下拉菜单中选择"自定"选项，或按快捷键【Control+ Option+R】，如图3-69所示。

图3-69

STEP 03 此时片段上方弹出一个对话框，可以在其中选择速度方向，包括正、反速度及精确的时长，如图3-70所示。

这里将速度设置为80%，一般而言慢放到这个速率视觉感受会比较舒服一些，当然这也要视具体情况而定。

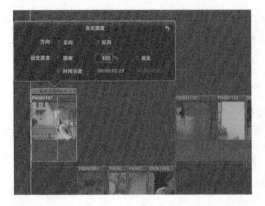

图3-70

此时发现片段"PA0A1107"顶部的绿色条变成黄色条，并由原来的"100%"字样变为"80%"。与此同时，片段还加长了一段，如图3-71所示。

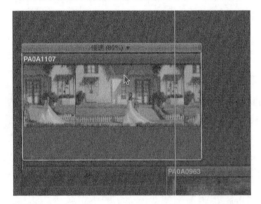

图3-71

STEP 04 按快捷键【Control+R】展开视频动画，动画会随着片段的慢放而加长，而且上面所做的关键帧动画也加长了。为了不影响片段的节奏，只放慢这个片段，并保持片段的长度与关键帧动画的速率不变，选中片段末尾的关键帧，将其移动到片段"PA0A0963"起始帧的位置，如图3-72所示。

STEP 05 保持片段"PA0A1107"处于被选中的状态，将播放头放置在片段"PA0A0963"的开头位置。修剪片段的结束点（快捷键【Option+]】），如图3-73所示。

STEP 06 播放已修改速度的片段。如果计算机配置不高，可能会出现丢帧或卡顿的情况，出现这种情况时可以选择渲染这部分视频片段，快捷键为【Control+R】。

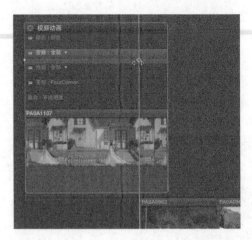

图3-72

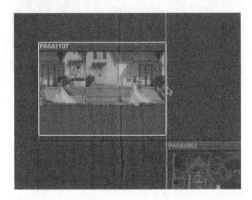

图3-73

提示： 速度工具的其他用法。

FCPX提供了强大的速度管理功能，还可以尝试菜单中的其他功能，这里提示几点。

❶ 对于已经做变速处理的片段，要迅速恢复正常速度，可选择"常速"命令，或使用快捷键【Shift+N】和【Option+Command +R】，如图3-74所示。

❷ 使用速度工具处理的片段，如果画面流畅，可以尝试"视频质量"中的"帧融合""光流"等选项。

图3-74

3.7 使用试演

试演功能是FCPX推出的创造性的功能。如果习惯使用这个功能，特别是在时长较短的广告片或是素材量较大的纪录片中，会在很大程度上提升工作效率。

试演功能的强大之处在于很巧妙地节省CPU资源，可以将多个片段放到同一位置上，同时保持时间线的整洁，而且可以给导演或客户便捷地提供多种剪辑方案。

在进行具体联系前，先在"第三章"资源库中建立新的事件"3.7"，将事件"3.6"中的工程文件"3.6"复制到事件"3.7"中，并将复制过来的工程文件"3.6"重命名为"3.7"。

▶ **实例——试演功能练习**

STEP 01 观察时间线中的片段"MI1A8503"，这个片段与上一个片段属于不同场景，如图3-75所示。现在考虑换另外一个场景来衔接片段"MI1A8119"，从而改变剪辑的结构。

在这种情况下，试演就是一个很好的功能，下面来尝试一下。

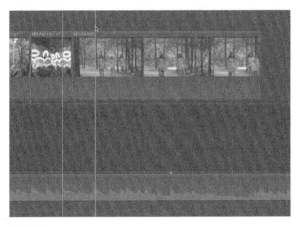

图3-75

STEP 02 在素材中找到片段"MI1A7791"，这个片段与骑车片段都属于全景，都比较适合与片段"MI1A8119衔接。

在事件"3.7"中选择片段"MI1A7791"，并选择此片段中有用的部分做好出入点，按住【Command】键选择片段"MI1A8503"，此时同时选中了这两个片段，在任意片段上单击鼠标右键弹出快捷菜单，选择"创建试演"命令，快捷键为【Command+Y】，如图3-76所示。

图3-76

STEP 03 此时，发现在事件"3.7"中出现了一个新的片段，只不过这个片段左上角多了一个特殊的图标，将新片段放到时间线中片段"MI1A8503"上方，如图3-77所示。

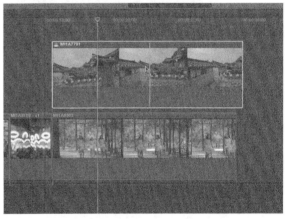

图3-77

▶ **实例——建立试演片段**

因为时间线中已经存在片段"MI1A8503"，可以尝试用其他方法建立试验片段。

STEP 01 在事件"3.7"中选择片段"MI1A7791"，并选择此片段中有用的部分做好出入点。

STEP 02 将片段"MI1A7791"中选中的部分拖曳到时间线片段"MI1A8503"上，时间线上的片段会出现图3-78所示的状态。

图3-78

STEP 03 释放鼠标左键，发现时间线上弹出一个快捷菜单，选择"添加到试演"命令，如图3-79所示。当然也可以尝试选择"替换"或其他命令，片段会被替换为所选择的片段。

图3-79

现在时间线上有两个相同的试演片段，从外观上来看这两个片段不一样，如图3-80所示。接下来会发现其实这两个片段是一样的。

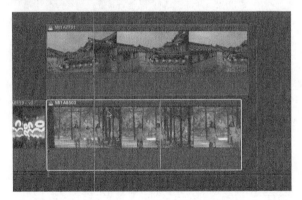

图3-80

STEP 04 选择时间线中下方的试演片段，单击鼠标右键，在快捷菜单中选择"试演"→"打开试演"命令（快捷键为【Y】），如图3-81所示。

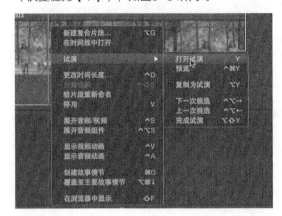

图3-81

STEP 05 下方的试演片段会弹出图3-82所示的对话框，单击对话框中右边的视频片段，然后单击"完成"按钮。

图3-82

此时发现时间线中的两个试演片段变得一模一样了，如图3-83所示。其实刚才就是两个试演片段，只是展示的是同一位置的不同内容。

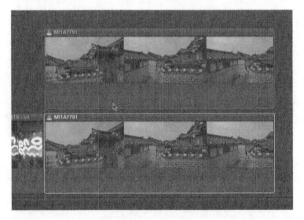

图3-83

▶ 实例——改变试演片段

STEP 01 还可以用鼠标右键单击试演片段，选择"试演"→"下一次挑选"命令，或按快捷键【Control+Option + ←/→】，来完成试演片段中片段的切换，如图3-84所示。

图3-84

STEP 02 在多次挑选后，最终选择片段"MI1A7791"作为衔接镜头。在试演片段处于显示片段"MI1A7791"的状态时，单击鼠标右键，选择"试演"→"完成试演"命令或按快捷键【Option+Shift+Y】，如图3-85所示。

此时，就完成了从建立试演片段，到方便切换试演片段，再到确定片段后解除试演片段的过程。

3.8 使用次级故事情节

本节将要介绍次级故事情节的编辑方式。前面已经学过"连接"这种快捷的编辑方式。在编辑工作中，可能还需要将多个连接的片段变成一个整体。例如，已经组接了一个小的场景片段，并且希望它们是一体的，可以随时整体移动它们。此时，就需要创建一个次级故事情节。

一个次级故事情节可以将若干连接的片段合成为一个组，这样它们就被捆绑到一起，具备同一个连接线，整个组统一连接到主故事情节的某一个片段上。

需要提示的是，次级故事情节也是一个带有磁性的片段组。

接下来通过实例学习如何制作常见的次级故事情节。

▶ 实例——制作常见的次级故事情节

在具体操作前，先在"第三章"资源库中建立新的事件"3.8"，将事件"3.7"中的工程文件"3.7"复制到

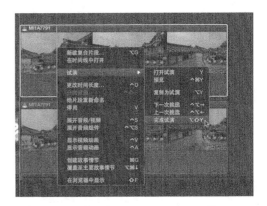

图3-85

希望读者能学会这种全新的操作方式，从而提升工作效率，如图3-86所示。

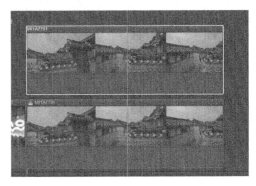

图3-86

事件"3.8"中，并将复制过来的工程文件"3.7"重命名为"3.8"。

STEP 01 在素材库中发现有一组女生穿韩服的镜头。接下来就使用这组镜头来完成制作次级故事情节的操作。

回到时间线上，发现片段"MI1A7791"跟上一个片段是一个过渡，使娱乐场的片段过渡到接下来韩服的这个片段，如图3-87所示。

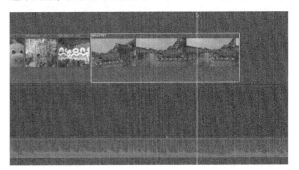

图3-87

STEP 02 既然是次级故事情节，它最终还是需要附着在主故事情节上。先将女生穿韩服这个片段组的首个片段"MI1A7791"放置到片段所处位置正下方的主磁性工作线上。

选中片段"MI1A7791"，单击鼠标右键，在快捷菜单中选择"覆盖至主要故事情节"命令，或按快捷键【Option+Command+↓】，片段就被放置到主故事情节上了，如图3-88所示。

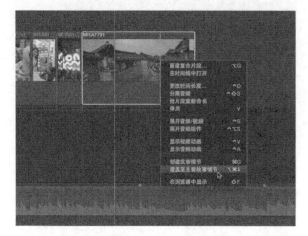

图3-88

STEP 03 根据前面所学习的内容，在资源库中选择女生穿韩服这个场景镜头，并打上出入点。

提示： 建立关键帧的快捷键为【I】、【O】；

通过限制原素材，将素材放到时间线上时只取视频部分，快捷键为【Shift+2】；

将片段连接到主要故事情节上，快捷键为【Q】。

将选择的片段连接到时间线主要故事情节上，如图3-89所示。

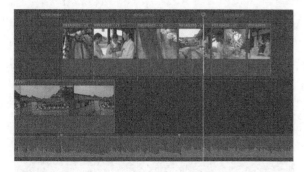

图3-89

STEP 04 按住鼠标左键，拖曳出一个矩形选择框，选中时间线上的几个次级片段，如图3-90所示。

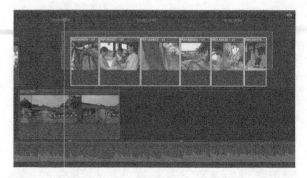

图3-90

STEP 05 单击"片段"→"创建故事情节"命令或按快捷键【Command+G】，如图3-91所示。

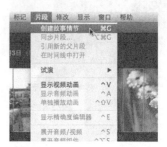

图3-91

此时，所框选的片段就已经组合为一个次级故事情节了，如图3-92所示。

图3-92

STEP 06 尝试在次级故事片段中调整画面顺序，发现它也是一条具有磁性的工作线，如图3-93所示。

图3-93

单击次级故事片段的外边框，发现它是一个整体，随意左右移动它，会整体移动，如图3-94所示。

图3-94

选中片段"MI1A7791"，可以在主故事情节上改变本片段所处的位置。与此同时，本片段上所连接的次级故事情节也会整体跟随片段"MI1A7791"一起移动，这样就完成了一组镜头的捆绑，如图3-95所示。

图3-95

提示：如何分开或插入次级故事情节中的片段？
虽然次级故事情节很实用，但在编辑中会经常不断修改，这就会涉及分开次级故事情节的问题。

▶ 实例——将次级故事情节整体分离
STEP 01 选中已经建立的次级故事情节的外边框，如图3-96所示。

图3-96

STEP 02 单击"片段"→"将片段项分开"命令或按快捷键【Shift+Command+G】，如图3-97所示。

图3-97

这样就将这个次级故事情节整体拆分开了，如图3-98所示。

图3-98

▶ 实例——将次级故事情节部分片段分离
STEP 01 按快捷键【Command+Z】，撤销上一步操作。下面尝试将单个视频从故事情节中拆分开。

当次级故事情节中的片段过多，想要移除一些时，只需要选中这个片段，然后将片段重新连接到主故事情节上，如图3-99所示。

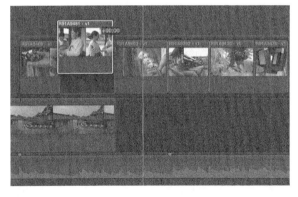

图3-99

这时，次级故事情节后面的视频会自动向前填充移除视频的空隙。当然，如果想要增加次级故事情节中的视频片段，只需要将视频片段直接放置到次级故事情节中相应的位置，如图3-100所示。

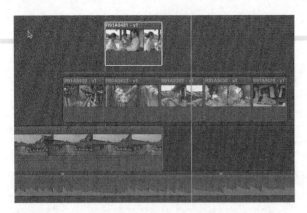

图3-100

STEP 02 按快捷键【Command+Z】，撤销上一步操作。尝试用其他方法拆分次级故事情节中的片段。

单击工具栏中的下拉按钮，选择"位置"工具，如图3-101所示。

图3-101

STEP 03 再次尝试将次级故事情节中的"R91A9481"片段移出来，如图3-102所示。

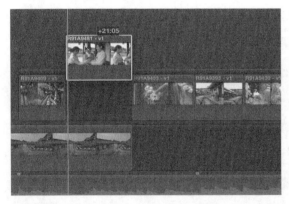

图3-102

STEP 04 与"选择"工具移除片段不同的是，被移出片段在次级故事情节中的位置处会产生一个空隙，如图3-103所示。

图3-103

STEP 05 按快捷键【Command+Z】，撤销上一步操作。尝试用其他方法拆分次级故事情节中的片段。

在次级故事情节中选中片段"R91A9481"，单击"编辑"→"从故事情节中提取"命令，或按快捷键【Option+Command+↑】，会发现移出片段"R91A9481"的效果与使用"位置"工具移出的效果是一样的，如图3-104所示。

图3-104

STEP 06 按快捷键【Command+Z】，撤销上一步操作。在次级故事情节中选中片段"R91A9481"，如图3-105所示。

图3-105

STEP 07 单击"编辑"→"覆盖至主要故事情节"命令，或按快捷键【Option+ Command+↓】，如图3-106所示。发现片段"R91A9481"被覆盖到下方相应的主故事情节上。

图3-106

STEP 08 如果想将次级故事情节中的片段彻底删除，可以选择相应的片段，然后按【Delete】键，片段在次级故事情节中就被彻底删除了，后面的片段会自动填充；如果按快捷键【Delete+Fn】，发现片段被从次级故事情节中删除后，原位置留下一个相同长度的空隙。

STEP 09 按快捷键【Command+Z】，撤销上一步操作，并将工具切换回"选择"工具，准备进行下一节内容的学习。

3.9 使用复合片段

在剪辑工作中，经常为了丰富视听效果，在时间线上的同一个区域添加很多层的视频和音频。但这会给操作带来很大不便，经常性的错误操作，杂乱无章的时间线会扰乱创作思维。此时，通过复合片段就可以解决这些问题。

何谓复合片段？如果接触过FCP7，可以把它理解为嵌套，也就是将一个区域上的音频片段、视频片段、复合片段重新组合成一个新的片段。新的片段只有一层，当然这并非破坏性地将这些音视频融合在一起。在创建的复合片段内，还可以继续修改片段内容，或将其重新拆分，恢复其为原始状态。

复合片段并非单纯地将时间线变得整洁。针对一个复合片段，可以一次性地、整体地施加一个单独的效果，或者将两个叠加的音频片段组合成一个音频片段放置在时间线中。

在具体操作前，先在"第三章"资源库中建立新的事件"3.9"，将事件"3.8"中的工程文件"3.8"复制到事件"3.9"中，并将复制过来的工程文件"3.8"重命名为"3.9"。

▶ **实例——创建复合片段**

STEP 01 仍以女生穿韩服这个场景为例，目前这个场景连接在一个过渡镜头上，在时间线上显示的有两层。将这个过渡镜头和女生穿韩服的镜头组创建为一个复合片段。按住鼠标左键，拖曳出一个矩形选择框，框选时间线上的过渡镜头和女生穿韩服的镜头组，如图3-107所示。

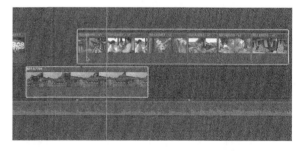

图3-107

STEP 02 单击"文件"→"新建"→"复合片段"命令，或按快捷键【Option+G】，如图3-108所示。

图3-108

STEP 03 软件界面 上方会弹出一个对话框，在该对话框中可以为新建的复合片段命名，同时也可以选择把它放到一个事件中。这里将新的复合片段命名为"3.9 复合片段"，然后单击"好"按钮，如图3-109所示。

图3-109

这样就完成了一个新的复合片段的建立，发现在时间线上框选的区域变成了一个新的完整的视频片段，如图3-110所示。

图3-110

与此同时，事件"3.9"中也出现了一个名为"3.9复合片段"的新片段，如图3-111所示。

图3-111

STEP 04 在创建复合片段后，可能感觉这个片段有些不满意的地方，需要再次修改这个片段。

选中新建的复合片段，然后双击，发现时间线会更新，在一个新的时间线中显示复合片段的内容。可以像编辑其他时间线上的视频一样来编辑这个片段，只要时间线中的视频发生变化，那么复合片段所在的时间线也会发生相应的变化，如图3-112所示。

图3-112

STEP 05 当在复合片段的时间线中修改完成这个片段后，可以单击时间线左上角的箭头按钮或按快捷键【Command+[】，回到"3.9"项目时间线上，如图3-113所示。

图3-113

提示： 如果想要加长复合片段，会发现片段的开头与结尾都无法拖曳出更多，虽然复合片段的开头与结尾片段的原始素材都有多余的部分。如果想加长开头或结尾片段的长度只能从复合片段中修改加长，如图3-114所示。

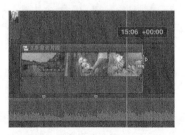

图3-114

▶ 实例——拆分复合片段

在编辑工作中，有时要对新建的复合片段进行大幅度修改，这就需要将新建的复合片段进行拆分。

STEP 01 选中时间线上的"3.9 复合片段"，如图3-115所示。

图3-115

STEP 02 单击"片段"→"将片段项分开"命令，或按快捷键【Shift+Command+G】，如图3-116所示。

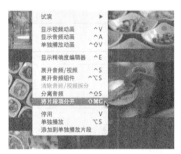

图3-116

STEP 03 此时时间线上的复合片段展开为原貌，事件中的复合片段还在，可以随时重新调用这个复合片段，如图3-117所示。

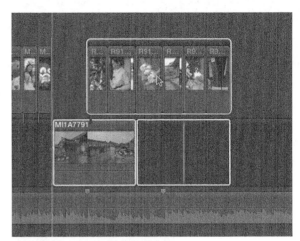

图3-117

至此，就完成了本章的学习，并且可以进行一些简单的剪辑尝试。接下来将继续学习FCPX中更加强大的功能。

第 **4** 章 | 更上一层楼——高级剪辑

一个匠人对技艺的追求是永无止境的，一个剪辑师亦是如此。所有的作品都是有瑕疵的，对完美的追求都是永无止境的。因此，对于技术及艺术的学习也应该坚持不懈。

本章将根据FCPX原有的高级编辑方式，结合编者长时间运用软件所获得的一些经验，为大家介绍一些高级编辑的方法及技巧。

4.1 工具的高级应用

粗剪工作只是剪辑工作的初级操作，要想真正完成一个精品需要非常细致的工作，要修改作品中细微的地方。要完成这样细致且烦琐的工作，必须要找到更多的便捷方式，以减轻我们的工作量。

本节会介绍一些更深层次的工具应用方法，有些方法会使复杂的操作变得便捷，有些方法会带来全新的剪辑方式。

在具体操作前，先建立一个名为"第四章"的资源库，将资源库"第三章"中的事件"3.9"复制到资源库"第四章"中，并重命名为"4.1"，将其中的工程文件重命名为"4.1"。删除新建资源库中默认建立的其他事件（每个资源库中至少需要一个事件），如图4-1所示。

图4-1

4.1.1 "切割"工具的高级应用

切割，无疑是剪辑工作中使用频率最高的一个工具，第3章已经学到按快捷键【B】可切换至"切割"工具，接下来将更进一步地学习切割功能，以及其他编辑方式。

▶ **实例——利用快捷键切割**

本书一直强调快捷键的使用，在剪辑工作中能用键盘完成的事情尽量不用鼠标去完成，虽然键盘的操作是死板的，但键盘的操作也是精准的。接下来介绍利用快捷键剪辑片段的方法。

STEP 01 在资源库中选择片段"PA0A0965"，将播放头放置到时间线上的最后一个片段后，按快捷键【Q】将片段放置到时间线上，如图4-2所示。下面以片段"PA0A0965"为例，学习用快捷键剪辑。

图4-2

STEP 02 此时片段"PA0A0965"已经在时间线上，并且已经连接到主故事情节上，保持不选中时间线上任何片段的状态，如图4-3所示。

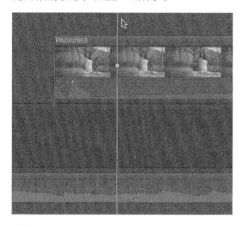

图4-3

单击"修剪"→"切割"命令，或按快捷键【Command+B】，如图4-4所示。

图4-4

STEP 03 此时，移开播放头，发现如果不选择片段就按快捷键【Command+B】，那么软件默认只剪切播放头所在位置的主故事情节上的片段。按快捷键【Command+Z】，撤销上一步操作，如图4-5所示。

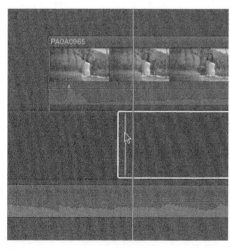

图4-5

STEP 04 选中时间线上的片段"PA0A0965"，如图4-6所示，单击"修剪"→"切割"命令，或按快捷键【Command+B】。

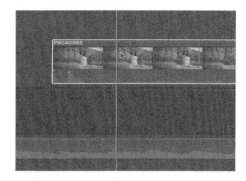

图4-6

STEP 05 移开播放头，发现片段"PA0A0965"已被切割开。这说明，如果在时间线中选中片段后再按切割快捷键，被选中片段就会被切割，如图4-7所示。

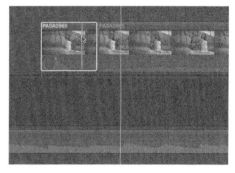

图4-7

STEP 06 按快捷键【Command+Z】，撤销上一步操作。按住鼠标左键，框选时间线上的片段"PA0A0965"、主故事情节以及下方的音频片段，如图4-8所示，单击"修剪"→"切割"命令，或按快捷键【Command+B】。

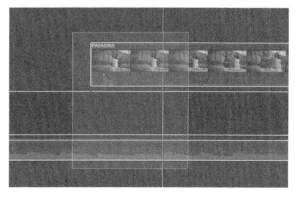

图4-8

STEP 07 移开播放头，发现时间线中所有被选中的片段全部被切割开。这表明，如果在时间线中同时选中多个片段（所选择部分在播放头位置上），然后按切割快捷键，那么被选中片段就会全部被切割开，如图4-9所示。

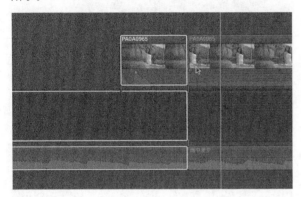

图4-9

STEP 08 按快捷键【Command+Z】，撤销上一步操作。保持播放头位置不变，单击"修剪"→"全部切割"命令，或按快捷键【Shift + Command+B】，如图4-10所示。

图4-10

STEP 09 移开播放头，发现时间线中所有处在播放头上的片段都被切割开了。这表明，如果要将播放头上所有的片段全部切割开，可以按快捷键【Shift+Command+B】，如图4-11所示。

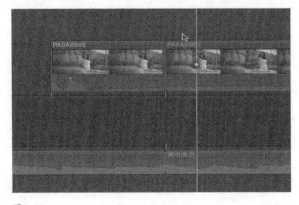

图4-11

▶ **实例——合并误剪的同一片段**

　　面对复杂的剪辑工程，操作失误是不可避免的。往往发现误操作时，已经进行了好多步的操作，撤销前几步的操作又会让人感到劳神，其实有的误操作可以不用通过撤销前几步操作，就可以完美解决。接下来以片段"PA0A0965"为例，解决"合并误剪的同一片段"的问题。

　　这里介绍两种方法，将本片段重新组合到一起。

STEP 01 选中片段"PA0A0965"，并在片段的任意处将其切割开，如图4-12所示。

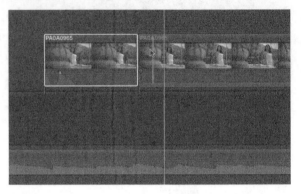

图4-12

STEP 02 将鼠标指针移到片段"PA0A0965"的后半段的开头处，当鼠标指针变成修剪工具█形状时，将后半截片段的开头部分拖至前半部分的开始位置，如图4-13所示。

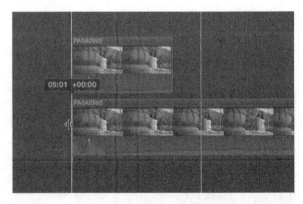

图4-13

STEP 03 将上半部分删除，就可以恢复原片段在时间线中的长度，如图4-14所示。

STEP 04 按快捷键【Command+Z】，将操作恢复到第1步，即片段"PA0A0965"切割开的状态。利用之前学过的创建次级故事情节的方法，按快捷键【Command+G】，将误剪的片段"PA0A0965"组成一个次级故事情节，如图4-15所示。

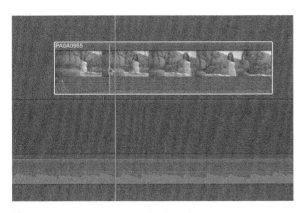

图4-14

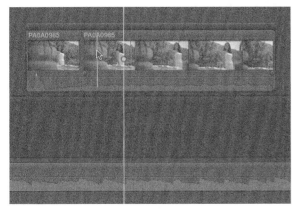

图4-15

STEP 05 这时，片段"PA0A0965"在次级故事情节中，被切割的地方显示为虚线（如果片段位于主故事情节中，同一片段的切割也会显示虚线）。按快捷键【T】将工具切换为"修剪"工具，将同一片段的切割点选中，如图4-16所示。

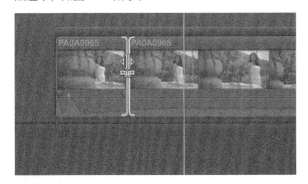

图4-16

STEP 06 按【Delete】键，片段"PA0A0965"就从误删部分重新合并到一起了，如图4-17所示。

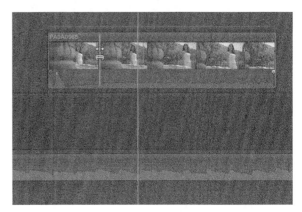

图4-17

4.1.2　位移工具的高级应用

在剪辑工作中，有时画面间仅差几帧就会产生"差之毫厘，谬以千里"的结果。接下来介绍几种位移片段的方法，以实现剪辑的精准操作。

▶ **实例——移动次级故事情节上的单个片段**

STEP 01 选中时间线中的片段"MI1A8119"，如图4-18所示。

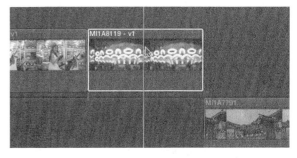

图4-18

STEP 02 单击"修剪"→"向左挪动"命令，或按【,】键，如图4-19所示。

图4-19

此时，片段"MI1A8119"整体向左移动了一帧，如图4-20所示。

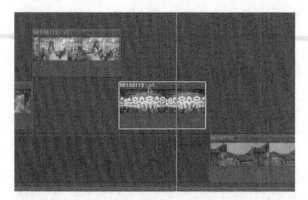

图4-20

STEP 03 单击"修剪"→"向右挪动"命令，或按【.】键，如图4-21所示。

图4-21

此时，片段"MI1A8119"整体向右移动了一帧，又恢复到原来的位置，如图4-22所示。

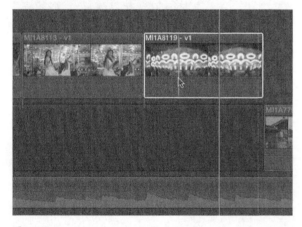

图4-22

▶ **实例——移动主故事情节上的单个片段**

在实际工作中，有时片段是位于主故事磁性时间线上的。接下来介绍不同工具在磁性时间线中的作用。

STEP 01 在时间线中选中片段"PA0A1049"，如图4-23所示。

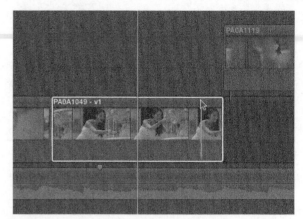

图4-23

STEP 02 确定当前使用的是"选择"工具，如图4-24所示。单击"修剪"→"向左挪动"命令，或按【,】键，如图4-25所示。

图4-24   图4-25

STEP 03 此时，片段"PA0A1049"前面的片段"PA0A1052"的末帧向外增加了一帧，同时，片段"PA0A1049"整体向前移动了一帧，并将后面的空隙片段覆盖了一帧，整个视频片段的总时长并没有发生改变，如图4-26所示。按快捷键【Command+Z】，撤销上一步的操作，使片段恢复到原来的位置状态。

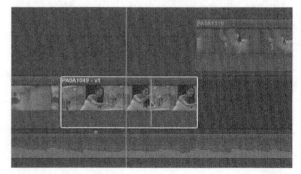

图4-26

STEP 04 在时间线左上方的工具栏中选择 "位置"工具，如图4-27所示。

STEP 05 单击"修剪"→"向左挪动"命令，或按【,】键，如图4-28所示。

图4-27　　　　图4-28

STEP 06 这时，片段"PA0A1049"的首帧与前面的片段"PA0A1052"的末帧之间出现了一帧空隙，同时，片段"PA0A1049"整体向前移动了一帧，并将后面的空隙片段覆盖了一帧，整个视频片段的总时长没有发生改变，如图4-29所示。可以看到，在不同工具下挪动单帧的效果是不一样的。

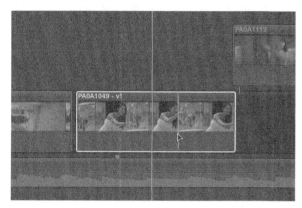

图4-29

4.1.3 "修剪"工具的高级应用

FCPX是一个让人脑洞大开的软件，不同的工具会带来很多意想不到的便捷，让工作充满意外的惊喜。本节学习使用"修剪"工具来修改片段，体会其便捷之处。

▶ 实例——使用"修剪"工具进行滑移式编辑

STEP 01 在时间线左上方的工具栏中选择"修剪"工具，如图4-30所示。

图4-30

STEP 02 单击片段"PA0A1052"，这时片段两端的编辑点被选中，如图4-31所示。

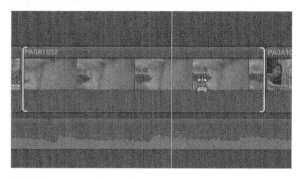

图4-31

STEP 03 单击"修剪"→"向右挪动"命令，或按【.】键，如图4-32所示。

图4-32

此时，片段"PA0A1052"的长度没有发生变化，画面整体向右移动了一帧，如图4-33所示。

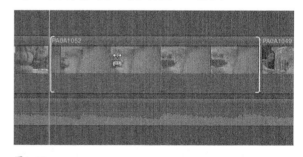

图4-33

为了能更好地理解这个功能，请看图4-34。

假如片段"PA0A1052"是示意图中的"4、5、6、7"帧画面，执行上面的操作后，此片段会整体向右移动一帧，也就是说片段"PA0A1052"就变成了"5、6、7、8"帧画面。

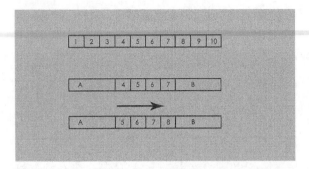

图4-34

图4-35

进行滑移式编辑时,不会更改片段在时间线中的位置和时间长度,但会更改滑移编辑片段的开始帧和结束帧。这种编辑方式为成片的修改带来很大的便捷,因为它不会改变片段的时长,也不会影响到整个影片的时长,这样可以避免音乐节奏点与剪辑点的错位。

提示: 临时调用"修剪"工具及其他工具的小窍门。

在精剪时"修剪"工具的使用并不是特别频繁,往往只在对个别片段做细微调整时才会使用,剪辑中使用"选择"工具的频率较高。

若要临时切换到"修剪"工具,可按住【T】键不放,直到完成修剪操作,工具会自动切换回使用"修剪"工具之前的工具(其他工具临时使用方法类同)。

这样可减少在剪辑工作中切换工具所带来的重复操作,提高工作效率。

图4-36

▶ **实例——使用"修剪"工具精修片段的开头或结尾**

在精剪工作中,一部分工作是修改镜头顺序,一部分是修改现有镜头的长短。很多时候,镜头相差几帧给人的视觉感受会截然不同,而对片段长短的修改大部分是从开头或结尾入手的。

接下来带领大家体验一下FCPX在修改片段开头或结尾时的便捷操作方式。

STEP 01 在时间线左上方的工具栏中选择"选择"工具,或按【A】键,并将鼠标指针放置到片段"PA0A1123"的开头位置,如图4-35所示。

STEP 02 单击片段"PA0A1123"开头位置,其变成黄色的选中状态,表示已经选中了片段开头的编辑点,如图4-36所示。

STEP 03 将鼠标指针移动到片段开头位置,按住鼠标左键不放,将鼠标向左拖曳,片段从开头处被延长,如图4-37所示。

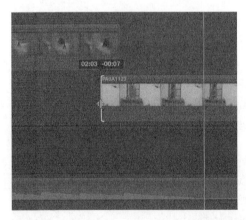

图4-37

提示: 如果片段在主故事情节上,由于磁性时间线的特殊性,整个时间线上所选片段后面的部分也会整体向后移动。

按快捷键【Command+Z】,撤销这一步的操作,使片段恢复到原来的位置状态。

STEP 04 继续选中片段"PA0A1123"开头位置，单击"修剪"→"向左挪动"命令，或按【,】键，如图4-38所示。

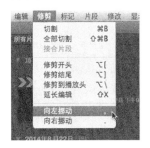

图4-38

此时，片段"PA0A1123"在时间线上的起始帧被加长一帧，这种操作可更加精准地控制片段长度，如图4-39所示。

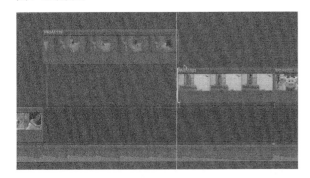

图4-39

按快捷键【Command+Z】，撤销这一步的操作，使片段恢复到原来的位置状态。

STEP 05 在时间线左上方的工具栏中选择"修剪"工具，或按【T】键，如图4-40所示。

将鼠标指针移动到片段"PA0A1123"开头的位置，此时的鼠标指针形状与"选择"工具状态相比下方多出一个胶片形状。

STEP 06 单击"修剪"→"向左挪动"命令，或按【,】键，如图4-41所示。

图4-40　　　　图4-41

此时，片段"PA0A1123"末尾多出一帧。这里解释一下，并不是片段"PA0A1123"末帧向后多出一帧，而

是片段起始帧多出一帧画面，起始帧保持位置不变，画面整体向后移动一帧，如图4-42所示。

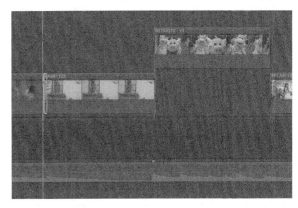

图4-42

为了能更好地理解这个功能，同样用示意图来解释当片段连接于主故事情节上时，在选中片段起始帧的状态下，使用"选择"工具与"修剪"工具向左挪动一帧的效果。

假如有一个10帧的画面片段，片段在次级故事情节中，选中片段"A"与第4帧这个编辑点，分别使用"选择"工具与"修剪"工具向左挪动一帧，效果如图4-43所示。

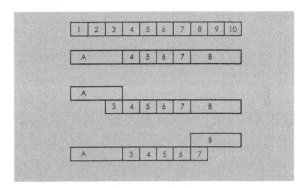

图4-43

▶ **实例——使用"修剪"工具进行卷动式编辑**

卷动式编辑是指同时调整两个相邻片段的开始点和结束点。如果要对两个放在时间线中的片段的长度做出调整，但不想改变整个时间线前后片段的位置，可以使用"修剪"工具在这两个片段的编辑点上进行卷动式编辑。

这种编辑方式常用在动作剪辑点上，可以很方便地更改一个动作剪辑点前后镜头所切换的位置，而不会影响到整个时间线上其他片段的位置。

STEP 01 在时间线左上方的工具栏中选择"修剪"工具，或按【T】键，如图4-44所示。

图4-44

STEP 02 单击时间线上片段"PA0A0965"与
"PA0A1052"之间的编辑点,如图4-45所示。此
时,两个片段中间的编辑点的末帧和首帧被同时选中。

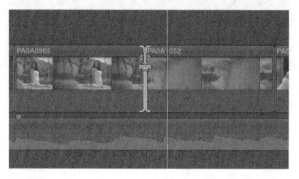

图4-45

STEP 03 选中编辑点,按住鼠标左键不放,向右轻轻
拖曳,发现编辑点会向右移动,编辑点上方出现"+
00:XX"的数字提示(如果向左拖曳,编辑点上方显
示"-00:XX"),表示已经向右移动了多少帧,如图
4-46所示。

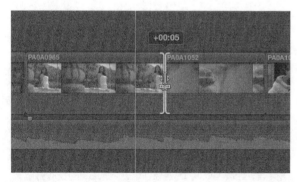

图4-46

观察一下检视器中的画面。检视器中出现两个画
面,分别是两个片段末帧与首帧画面,在做动作剪辑时
会更方便,如图4-47所示。

图4-47

STEP 04 保持片段之间的编辑点处于选中状态,单击
"修剪"→"向左挪动"命令,或按【,】键,如图
4-48所示。此时,编辑点会向左精确挪动一帧。

图4-48

STEP 05 继续保持片段之间的编辑点处于选中状态,将
播放头放置到想要让编辑点移动到的位置,如图4-49
所示。

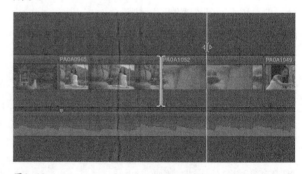

图4-49

STEP 06 单击"编辑"→"延长编辑"命令,或按快捷
键【Shift+X】。此时,编辑点自动移动到播放头所处
的位置,如图4-50所示。

为了能更好地理解这个功能,用示意图解释当片段
位于主故事情节或次级故事情节上时,卷动式编辑是如
何工作的。

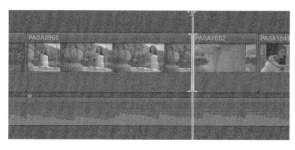

图4-50

假如有A、B、C 3个片段，要将B、C之间的编辑点向右进行卷动式编辑，最终得到的结果如图4-51所示。

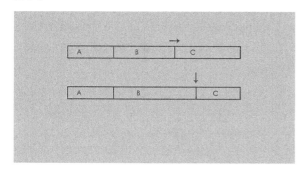

图4-51

执行卷动式编辑时，项目的总时间长度维持不变，但两个片段的时间长度都改变了，其中一个延长，而另一个则缩短作为补偿。

提示： 视频片段的媒体余量。

在卷动编辑或挪动片段首尾帧时，所选择的编辑点一般都显示为黄色。有时会发现某些片段的首尾帧显示为红色，不能再移动编辑点，说明该片段已经到达尽头，如图4-52所示。

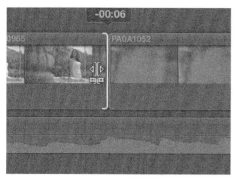

图4-52

▶ **实例——使用"修剪"工具进行滑动式编辑**

滑动式编辑，类似于卷动式编辑，可同时调整片段的两个相邻片段的开始点和结束点。如果要将时间线中的一个片段的前后位置做出调整，但不想改变整个时间线前后片段的位置，可以使用"修剪"工具在这个片段两端的编辑点上进行滑动式编辑。

这种编辑方式常用在成片编辑或已对齐音乐节奏的片段编辑中，可以很方便地更改一个片段在时间线中的位置，而不会影响整个时间线上其他片段的位置。

STEP 01 在时间线左上方的工具栏中选择"修剪"工具，或按【T】键，如图4-53所示。

图4-53

STEP 02 将鼠标指针放到片段"PA0A0965"上，注意鼠标指针的形状，如图4-54所示。

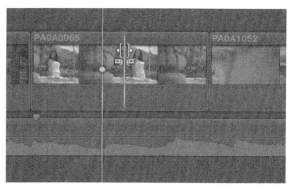

图4-54

STEP 03 按住【Option】键，然后单击片段"PA0A0965"，片段前后两个片段的末帧和首帧被同时选定，如图4-55所示。

STEP 04 继续按住【Option】键不放，按住鼠标左键向右轻轻拖曳。此时，片段"PA0A0965"的长度不会发生变化，但前片段的末帧被拉长，后片段的首帧向后移动，这3个片段的总时长没有发生变化，如图4-56所示。

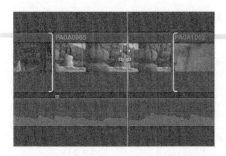

图4-55

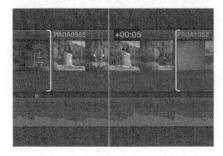

图4-56

STEP 05 保持片段之间编辑点处于选中状态,单击"修剪"→"向左挪动"命令,或按【,】键,如图4-57所示。此时,片段"PA0A0965"会向左精确挪动一帧。

执行滑动式编辑,就是在保持某一片段时长不变、内容不变的情况下,将前后相邻的两个片段加长和缩短,以适应滑动编辑片段的位置更改。但其又不像在"位移"工具下拖曳片段,产生相应的空隙。

图4-57

为了让大家更好地理解滑移式编辑,再次用示意图来解释当片段位于主故事情节或次级故事情节时,滑动式编辑是如何工作的。

假如现在有A、B、C 3个片段,现要将A、B片段之间的C片段进行滑动式编辑,最终得到的结果如图4-58所示。

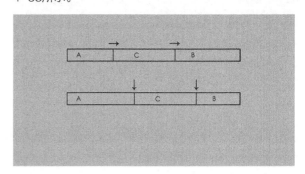

图4-58

4.2 三点编辑

剪辑工作的第一步,基本上可以定义为将媒体池中的素材搬移到时间线上。但第一步需要的却是一次非常精确地搬运。例如,已经确定了在时间线上需要固定时长的片段节选,或已经选定了片段的起始帧。

下面介绍一种全新的编辑方式:三点编辑。

1. 何谓三点编辑

要理解三点编辑或四点编辑,首先要明白,这些点是什么点。

一堆素材经过剪辑,放在时间线上形成一部影片。在时间线上放入一段素材时,需要涉及4个点,即素材在媒体池中的入点、出点,以及在时间线上连接、插入、覆盖的入点和出点。

如果是三点编辑,那么需要先确定其中的3个点,第4个点将由FCPX得出,从而确定这段素材的长度和所处的位置,然后可以选择连接、插入或覆盖方式放入时间线;如果是四点编辑,就需要自己确定4个点,将一段素材剪辑后放入时间线。四点编辑方式出自对编机的线性剪辑时代,这种方式虽然老旧,但很多时候会使我们的编辑工作事半功倍,如果使用过2台Beta做对编,可能会更好理解一些。

2. 三点编辑的几种形式

（1）在时间线中确定开始点和结束点；在事件浏览器中确定开始点（开始点对齐）。

（2）在时间线中确定开始点和结束点；在事件浏览器中确定结束点（结束点对齐）。

（3）在事件浏览器中确定开始点和结束点；在时间线中确定开始点（开始点对齐）。

（4）在事件浏览器中确定开始点和结束点；在时间线中确定结束点（结束点对齐）。

提示： 时间线长度优先。

时间线中的开始点和结束点总是优先于事件浏览器中的开始点和结束点。

如果在时间线中确定了一组开始点和结束点，也就意味着在时间线中确定了一个剪辑的时间长度，而此时，不管事件浏览器中的片段长度是大于还是小于时间线上的剪辑长度，片段的长度都以时间线上的为准。

4.2.1 三点编辑示例

接下来通过实例来理解三点编辑。

在具体操作前，先在"第四章"资源库里新建事件"4.2"（快捷键【Option+N】），全选事件"4.1"中的视频片段，按住【Option】键将事件"4.1"中的片段拖到新建事件"4.2"中，此时，事件"4.1"中的片段就被复制到事件"4.2"中了。用同样的方法将事件"4.1"中的工程文件"4.1"复制到事件"4.2"中，并将事件"4.2"中的工程文件重命名为"4.2"。

STEP 01 在事件浏览器中选择片段"MI1A7860"，拖曳播放头到合适的位置，按快捷键【I】、【O】或按"范围选择"工具快捷键【R】，为片段选择开始点和结束点，如图4-59所示。

图4-59

STEP 02 将播放头放置到片段"PA0A0965"的起始帧处，如图4-60所示。

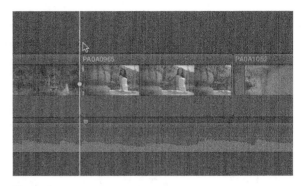

图4-60

此时软件默认的3个点分别是片段"MI1A7860"在事件浏览器中的开始点和结束点，片段"PA0A0965"在时间线中的起始帧。

STEP 03 按快捷键【Q】，使用连接编辑，片段"MI1A7860"在事件浏览器中的开始点会与片段"PA0A0965"在时间线中的起始帧对齐，而片段"MI1A7860"在时间线上的长度与其在事件浏览器中所选择的范围相同，如图4-61所示。

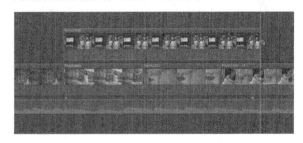

图4-61

提示： 也可以使用覆盖、插入编辑方式（快捷键为【D】、【W】），将同样长度的片段"MI1A7860"以当前时间线的起始点为基准覆盖、插入片段。

STEP 04 选中片段"PA0A0965"，单击"标记"→"设定片段范围"命令，或按快捷键【X】，如图4-62所示。

图4-62

此时，已经在时间线上建立了一个以片段"PA0A0965"的首末帧为边界的选区，如图4-63所示。

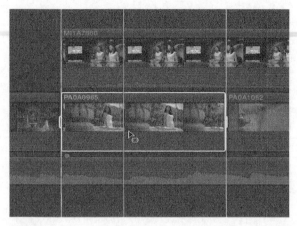

图4-63

提示：在时间线中建立选区。

在时间线中建立选区的方法还有很多种，可以将工具切换为"选择"工具（快捷键为【R】），按住鼠标左键在时间线上拖曳建立选区；也可以按【I】、【O】键建立关键帧，通过播放头在时间线上建立选区。

STEP 05 按快捷键【Q】，使用连接编辑，片段"MI1A7860"在事件浏览器中的开始点会与片段"PA0A0965"在时间线中的起始帧对齐，而片段"MI1A7860"在时间线上的长度与时间线中所建立的选择范围相同，如图4-64所示。

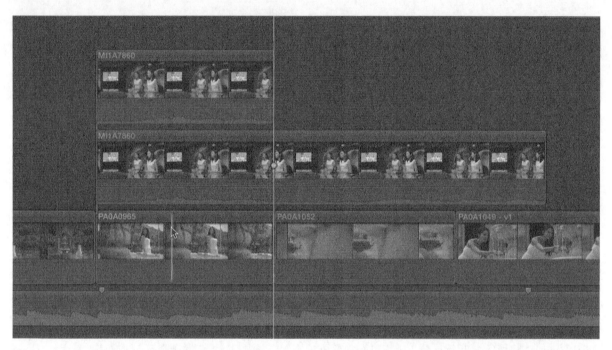

图4-64

前面已做过提示，当时间线和事件浏览器中的片段同时建立了选区时，那么片段编辑长度以时间线中的选区为准。与此同时，也可以使用覆盖与插入的编辑方式，将片段"MI1A7860"放置到时间线上，但其长度都与时间线中的选区长度相同。

提示：事件浏览器中片段的长度不够。

当时间线和事件浏览器中都建立了选区，且事件浏览器中的选区长度小于时间线中的选区长度时，软件会自动将两个起始帧对齐，并将事件浏览器中的末帧自动延长。

如果事件浏览器中的选区从起始帧到整个片段的末帧不能满足时间线中选区的长度，软件会弹出一个对话框，如图4-65所示。

图4-65

单击"继续"按钮，软件会将事件浏览器中的片段开始点至片段的末帧添加到时间线中。

4.2.2 反向时序的三点编辑示例

STEP 01 在事件浏览器中选择片段"MI1A7860"，建立一个与4.2.1节相同的选区。

STEP 02 在时间线中将播放头放置到片段"PA0A0965"的末帧，按快捷键【Shift+Q】。此时，片段"MI1A7860"在事件浏览器中的结束点会与片段"PA0A0965"在时间线中的结束帧对齐，而片段"MI1A7860"在时间线上的长度与其在事件浏览器中所选择的范围相同，如图4-66所示。

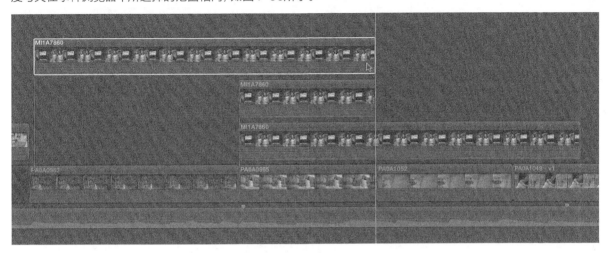

图4-66

当然也可以使用快捷键【Shift+W/D】，将片段反向插入或覆盖于时间线上。

STEP 03 在时间线上选中片段"PA0A0965"，单击"标记"→"设定片段范围"命令，或按快捷键【X】，此时，软件会依据片段"PA0A0965"在时间线中的位置与长度快速建立选区，如图4-67所示。

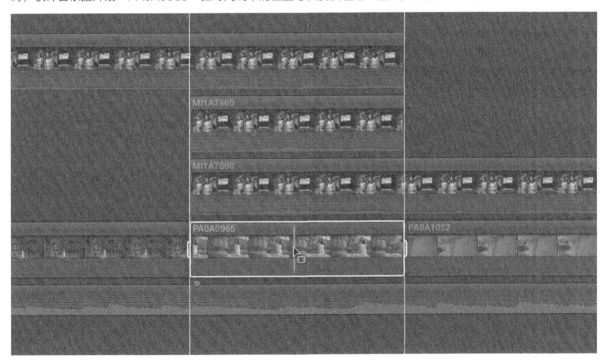

图4-67

STEP 04 按快捷键【Shift+Q】，使用连接编辑，片段"MI1A7860"在事件浏览器中的结束点会与片段"PA0A0965"在时间线中的末尾帧对齐，而片段"MI1A7860"在时间线上的长度与时间线中所建立的选择范围相同，如图4-68所示。

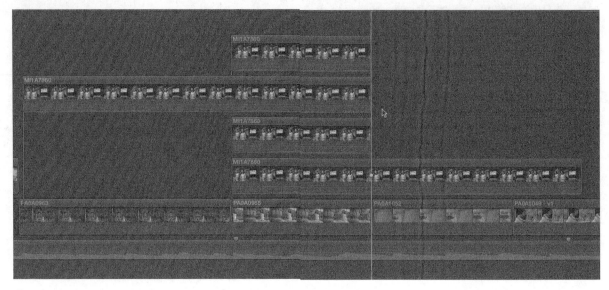

图4-68

为了让大家更直观有效地理解4.2.1、4.2.2节所讲授的内容，再次以示意图的方式来说明，如图4-69所示。

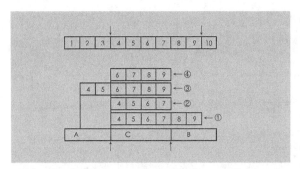

图4-69

假如有一个10帧的片段，且建立了一个第4~9帧的选区，时间线中有一个4帧长度的片段C。

①为在事件浏览器中建立第4~9帧的选区，在时间线中将播放头放置到A、C片段之间，按快捷键【Q】得到的结果。

②为在事件浏览器中建立第4~9帧的选区，在时间线中建立与片段C相同长度与位置的选区，在时间线中将播放头放置到A、C片段之间，按快捷键【Q】得到的结果。

③为在事件浏览器中建立第4~9帧的选区，在时间线中将播放头放置到C、B片段之间，按快捷键【Shift+Q】得到的结果。

④为在事件浏览器中建立第4~9帧的选区，在时间线中建立与片段C相同长度与位置的选区，在时间线中将播放头放置到C、B片段之间，按快捷键【Shift+Q】得到的结果。

▶ **实例——让时间线片段在事件浏览器中显示**

当在时间线中进行了大量的编辑工作，需要定位某一片段在事件浏览器中的位置，以便查看相邻镜头的内容时，大量的素材片段会使我们头晕目眩，现在以定位时间线中的片段"MI1A7860"为例，介绍一种便捷的方法。

（1）在时间线中选择片段"MI1A7860"较长的段落，如图4-70所示。

（2）单击"文件"→"在浏览器中显示"命令，或按快捷键【Shift+F】，如图4-71所示。

此时，片段"MI1A7860"在事件浏览器中的部分处于高亮显示状态，如图4-72所示。

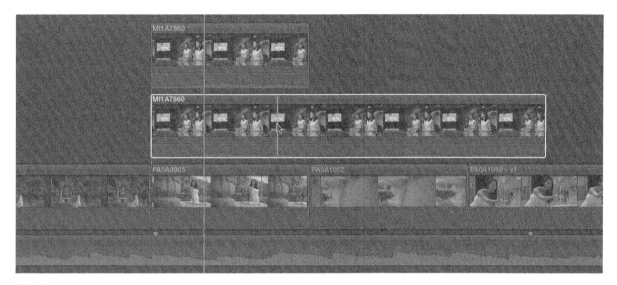

图4-70

图4-71

图4-72

也可以按快捷键【Shift+Option+F】来定位时间线中的片段在事件浏览器中所处的位置。

4.2.3　多个片段进行三点编辑

有时候，我们会将整组镜头拖曳到时间线上，也有可能整组替换掉时间线上的组镜。下面就将事件浏览器中的多个镜头利用三点编辑的方式放置到时间线上。

STEP 01 在事件"4.2"中选中项目"4.2"，单击鼠标右键，在弹出的快捷菜单中选择"复制项目"命令，或按快捷键【Command+D】，如图4-73所示。

STEP 02 此时得到一个名为"4.2 1"的新项目。单击项目名称，使其处于编辑状态如图4-74所示。输入"4.2.3"，重命名为"4.2.3"。

图4-73

图4-74

STEP 03 双击"4.2.3"项目，在时间线中按住鼠标

左键，框选新增加的4个片段，如图4-75所示，按【Delete】键将其删除。

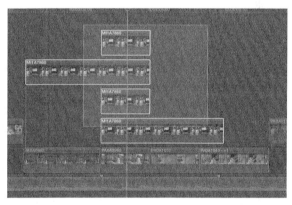

图4-75

STEP 04 在事件浏览器中，对"4.2"中的片段"MI1A7860"与"MI1A7861"通过建立关键帧或"范围选择"工具进行范围选择。按住鼠标左键框选两个片段，两个片段的选择范围部分会被选中，如图4-76所示。

图4-76

STEP 05 将播放头放置到时间线中片段"PA0A0965"

的首帧处，按快捷键【Q】，使用连接编辑，片段"MI1A7860"与"MI1A7861"会以片段"PA0A0965"的首帧为开始点向后延续，如图4-77所示。

STEP 06 在时间线中选中片段"PA0A0965"，按快捷键【X】，建立一个以片段"PA0A0965"为位置和长度的选区，如图4-78所示。

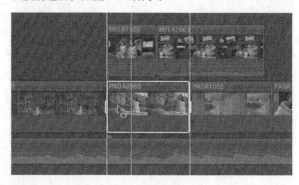

图4-78

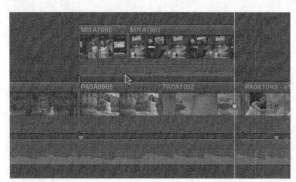

图4-77

STEP 07 在保持选区不变的情况下，将播放头放置到任意位置，按快捷键【Q】使用连接编辑，片段"MI1A7860"与"MI1A7861"会以片段"PA0A0965"的首帧为开始点向后延续，但是其长度会以片段"PA0A0965"的末帧为终点，如图4-79所示。

当然，也可以尝试将多个片段进行反向时序的三点编辑，其原理与单个片段的三点编辑相同。

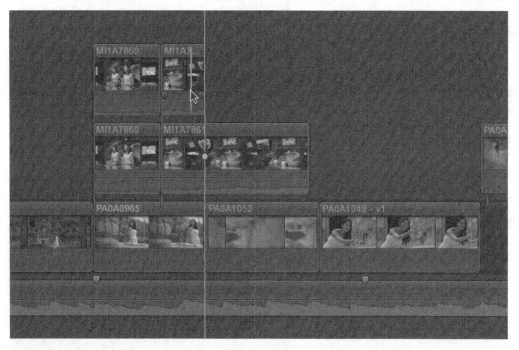

图4-79

4.3 替换片段

本节将介绍一种简便易行的编辑方法——替换片段。这种编辑方式类似于三点编辑，但又有不同之处。它不同于常规的编辑软件，是一种苹果软件独有的编辑方法，更加便捷、人性化。下面就来认识一下这种编辑方法。

▶ 实例——替换片段的编辑方法

　　在具体操作前，先在"第四章"资源库中新建事件"4.3"（快捷键为【Option+N】）。全选事件"4.2"中的视频片段，按住【Option】键将事件"4.2"中的片段拖到事件"4.3"中，此时，事件"4.2"中的片段就被复制到事件"4.3"中了。用同样的方法将事件"4.2"中的工程文件"4.2"复制到事件"4.3"中，并将事件"4.3"中的工程文件重命名为"4.3"。

STEP 01 双击打开工程文件"4.3"，框选时间线中增加的片段，如图4-80所示。按【Delete】键，将框选的片段全部删除。

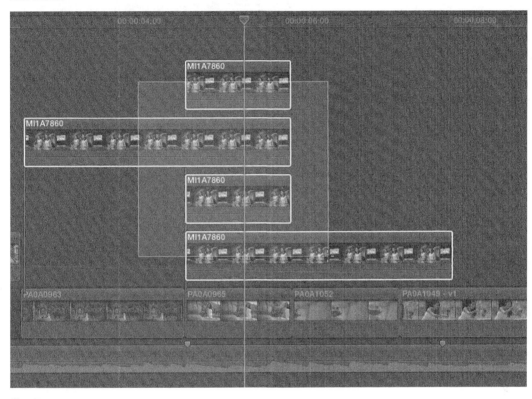

图4-80

STEP 02 在事件浏览器中选择片段"R91A9714"，使用建立关键帧方法将片段中认为重要的部分建立为选区，将鼠标指针放到片段"R91A9714"的选区中，发现鼠标指针变成抓手形状，如图4-81所示。

图4-81

STEP 03 按住鼠标左键不放，将鼠标指针从片段选区拖曳到时间线片段"PA0A0965"上，时间线中的片段"PA0A0965"变成高光状态，鼠标指针上也有加号图形，如图4-82所示。

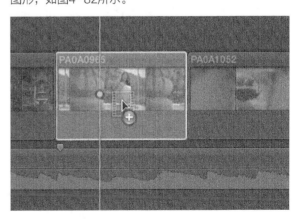

图4-82

STEP 04 释放鼠标左键，时间线中会自动弹出一个快捷菜单，接下来试用一下其中选项的功能，如图4-83所示。

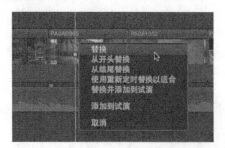

图4-83

图4-85

替换：当选择"替换"选项或按快捷键【Shift+R】时，事件浏览器中的片段"R91A9714"选区会与时间线中的片段"PA0A0965"从开头对齐，并将事件浏览器中的片段所建立选区的长度替换到时间线上，如果在事件浏览器中所建立的选区长度与时间线中的片段长度部不相同，那么时间线中的片段会依次移动，时间线的总长度也会发生变化，如图4-84所示。

图4-84

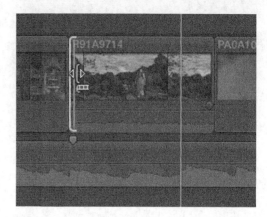

图4-86

使用重新定时替换以适合：当选择"使用重新定时替换以适合"选项时，事件浏览器中的片段"R91A9714"选区会与时间线中的片段"PA0A0965"从开头对齐，并以时间线中的片段长度为准，事件浏览器中的片段会根据时间线中片段的长度进行速度调整，时间线的总长度不会发生变化，如图4-87所示。

从开头替换：当选择"从开头替换"选项或按快捷键【Option+R】时，事件浏览器中的片段"R91A9714"选区会与时间线中的片段"PA0A0965"从开头对齐，并以时间线中的片段长度为准，时间线的总长度不会发生变化，这个功能通过三点编辑、覆盖编辑也能实现，如图4-85所示。

从结尾替换：当选择"从结尾替换"选项时，事件浏览器中的片段"R91A9714"选区会与时间线中的片段"PA0A0965"从结尾对齐，并以时间线中的片段长度为准，时间线的总长度不会发生变化，这个功能通过三点编辑、覆盖编辑也能实现，如图4-86所示。

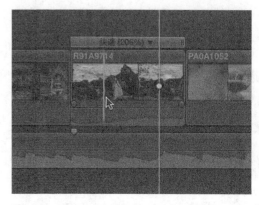

图4-87

4.4 添加和编辑静止图像

在剪辑工作中，会遇到很多照片处理操作。图片应用在影片中的方式很多，例如：序列文件组成的延时素材、制作静帧增加片段强调、PSD多图层图像的工程文件等。

接下来就带领大家了解关于图片或静帧在影片剪辑中的应用。

在具体操作前，先在"第四章"资源库中新建事件"4.4"（快捷键为【Option+N】）。全选事件"4.3"中的视频片段，按住【Option】键将事件"4.3"中的片段拖到事件"4.4"中，所选片段就被复制到事件"4.4"中了。用同样的方法将事件"4.3"中的工程文件"4.3"复制到事件"4.4"中，并将事件"4.4"中的工程文件重命名为"4.4"。

4.4.1 输出静帧图像

在剪辑工作中经常会看到一些片段，片断内容在出现闪白时动作停止，再次闪白时动作开始进行，这样的编辑会使片段的剪辑节奏感很强，下面就来学习几种制作静帧的方法。

▶ 实例——制作静帧

选择时间线中最后的一个片段"PA0A0965"作为试验片段，来介绍静帧画面的多种制作方法。

STEP 01 选择时间线中最后一个片段"PA0A0965"，将播放头放置到片段中的任意位置，如图4-88所示。

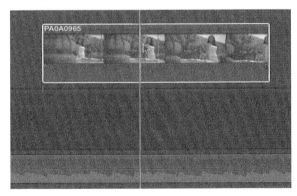

图4-88

STEP 02 单击时间线右上方的输出按钮，选择"存储当前帧"选项，如图4-89所示。

图4-89

或单击"文件"→"共享"→"存储当前帧"命令，如图4-90所示。

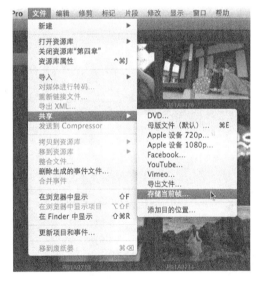

图4-90

提示：添加目的位置。

有时候打开输出选项时，会发现"共享"子菜单中没有"存储当前帧"命令，没有关系解决方法如下。

❶ 单击"文件"→"共享"→"添加目的位置"命令，如图4-91所示。

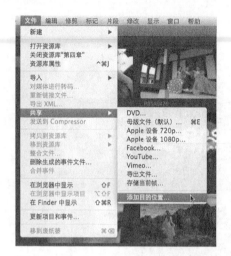

图4-91

此时，会弹出软件偏好设置对话框，单击上方的"目的位置"按钮。

② 在"添加目的位置"选项下选择"存储当前帧"选项，按住鼠标左键不放将其拖曳到左侧栏，就完成了"存储当前帧"共享选项的添加，如图4-92所示。

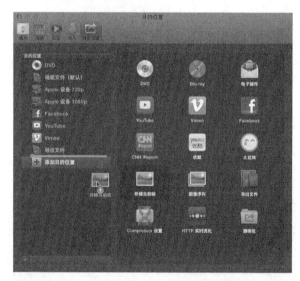

图4-92

STEP 03 这时系统会弹出"存储当前帧"对话框，如图4-93所示。

选择对话框上方的"设置"选项，展开"导出"下拉列表，这里有多种输出格式选项，选择"JPEG 图像"选项，如图4-94所示。

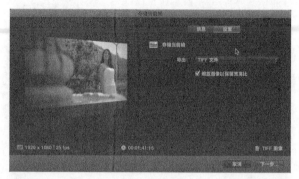

图4-93

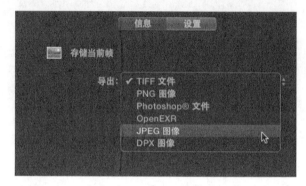

图4-94

STEP 04 单击"下一步"按钮，软件会弹出一个路径选择对话框，选择一个合适的路径，这里将单帧命名为"第四章 单帧输出"，如图4-95所示。

图4-95

STEP 05 单击对话框右下角的"存储"按钮，软件会根据选择的图像格式及路径输出相应的图片文件，并在右上方弹出"共享成功"对话框，如图4-96所示。如果单击"显示"选项，软件会自动打开一个输出片段所在的Finder窗口。

图4-96

STEP 06 利用之前所学的知识可以将新生成的静帧片段放置到时间线上，如图4-97所示。

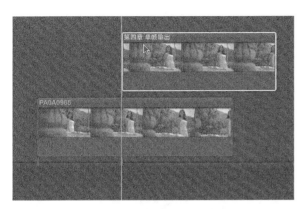

图4-97

4.4.2 软件内部制作静帧

4.4.1节通过软件输出了一个静帧文件，这种做法可以减少软件后台运算量；同时，输出的图像可以利用其他软件进行更专业的处理，如Photoshop。

但任何方法都有利弊，当要做一个片段的抽帧效果时，大量画面的静帧处理增加了我们的工作量，接下来介绍几种便捷的制作视频单帧的方法。

STEP 01 选择时间线尾部的片段"PA0A0965"，将播放头移动到想要制作静帧的地方，如图4-98所示。

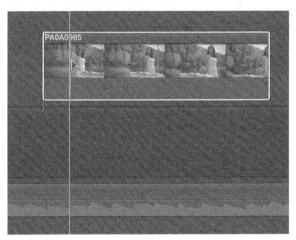

图4-98

STEP 02 单击"编辑"→"添加静帧"命令，或按快捷键【Option+F】，如图4-99所示。

图4-99

STEP 03 此时，播放头后的单帧被延长出来，这样就获得了当前帧的一段单帧画面，如图4-100所示。

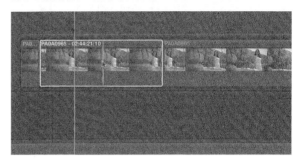

图4-100

提示： 修改静帧默认长度。

静帧是一个不限长度的片段，当然有时候只需要几帧而已。静帧片段和静止图像片段的默认时长都是4秒。下面来更改这个设置。

❶ 按快捷键【Command+,】，弹出软件偏好设置对话框，单击"编辑"按钮，如图4-101所示。

图4-101

❶ 在编辑选项中，在"静止图像：编辑时间长度为"文本框中输入0.16，如图4-102所示。

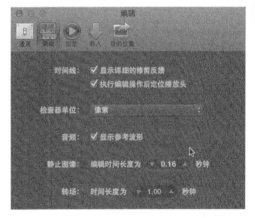

图4-102

STEP 04 在时间线中按快捷键【Shift+F】，在事件浏览器中定位片段"PA0A0965"，按快捷键【Option+F】制作单帧，片段"PA0A0965"的上方多了一个长度为4帧的连接静止画面，如图4-103所示。

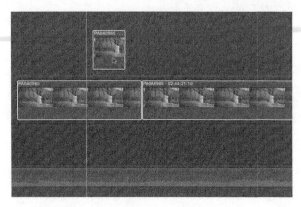

图4-103

图4-105

提示: 时间线与事件浏览器创建静帧的区别。

从时间线中的片段创建静帧:新静帧片段将插入时间线片段开始创建静帧的位置,整个片段会向后移动。

从事件浏览器中的片段创建静帧:新静帧将作为连接片段,连接到时间线中播放头的位置。

STEP 05 选中片段"PA0A0965",将播放头移动到片段的后半段,如图4-104所示。

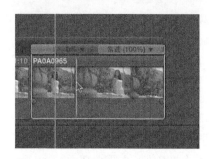

图4-106

本节介绍了3种制作视频静帧的方法,分别是:在时间线中创建静帧,快捷键为【Option+F】;在事件浏览器中创建静帧,快捷键为【Option+F】;在时间线片段中利用速度创建静帧,快捷键为【Shift+H】。

4.4.3 应用PSD文件

FCPX是一个很强大的视频编辑软件,而且有良好的兼容性。它可以与多个软件或硬件搭配使用。例如,可以直接输出XML文件给调色软件达芬奇,支持多个屏幕同时显示界面,可以在时间线中读取PSD文件。

本节将介绍PSD文件在FCPX中的应用。

▶ 实例——PSD文件在Final Cut Pro X中的应用

STEP 01 在事件浏览器中,在到事件"4.4"上,单击鼠标右键,在快捷菜单中选择"新建关键词精选"命令,或按快捷键【Shift+Command+K】,如图4-107所示。

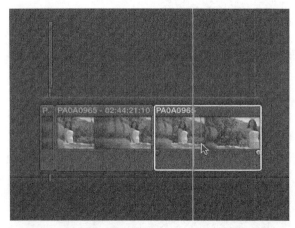

图4-104

STEP 06 单击时间线右上方的"重新定时"按钮,在弹出的下拉菜单中选择"静止"选项,或按快捷键【Shift+H】,如图4-105所示。

此时,片段"PA0A0965"在时间线中增加了一个速度为0%的片段,如图4-106所示。

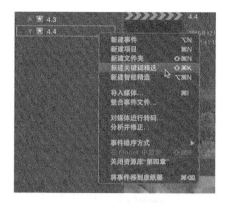

图4-107

STEP 02 在"未命名"栏中输入"PSD文件",为关键词精选重命名,如图4-108所示。

图4-108

STEP 03 将素材中的PSD文件导入新建的"PSD 文件"关键词精选中,如图4-109所示。

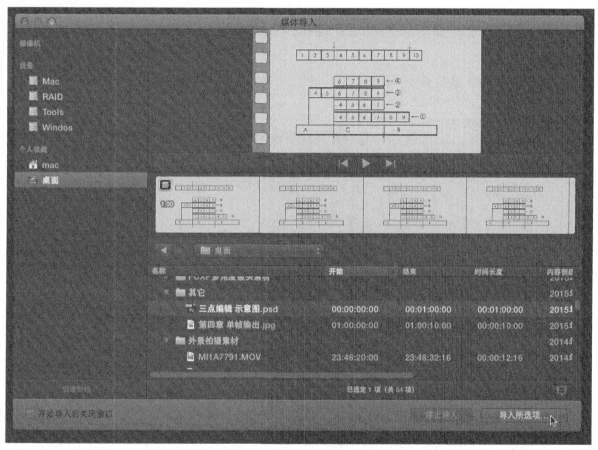

图4-109

默认状态下,在事件浏览器中PSD文件是一个长度为1分钟的片段,如图4-110所示。

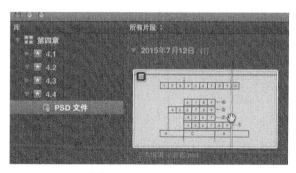

图4-110

STEP 04 将合适长度的PSD文件连接到时间线上，如图4-111所示。

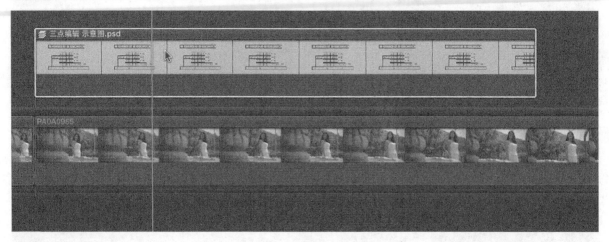

图4-111

STEP 05 双击时间线中的片段"三点编辑 示意图"，发现这个PSD文件会在其他时间线中展开，这一点类似于之前介绍过的复合片段，如图4-112所示。

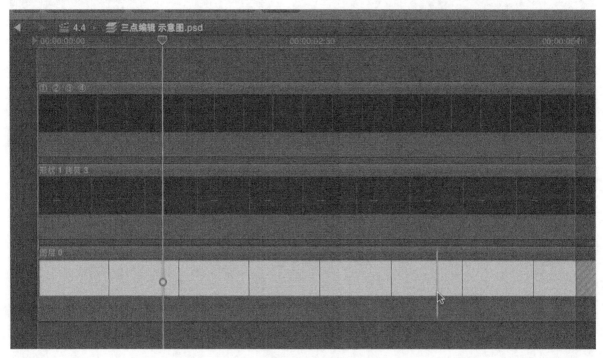

图4-112

　　展开的PSD文件分为3层，可以在FCPX中随意编辑这3层中的任意一层，包括放大/缩小、调整单层位置、添加关键帧动画。

　　FCPX对PSD文件的直接读取在很大程度上方便了我们的工作。一些简单的关键帧动画可以在 Photoshop这样的专业作图软件中分层，然后直接发送到FCPX中进行关键帧动画处理，便可得到良好的视觉效果。

4.4.4 快速抽帧

经过4.4.1~4.4.3节的学习，我们学会了几种制作静帧和使用PSD文件的方法。在剪辑工作中，画面的节奏有时会因为镜头的单调而变得乏味，此时，也许一些创新的剪辑手段会为平淡无奇的剪辑迅速提升画面节奏感，并带来有效的视觉冲击。

接下来在现有的时间线中选择一个片段进行抽帧处理，一起来见证它带来的神奇效果。

▶ 实例——抽帧处理

STEP 01 播放项目"4.4"，找一个合适的位置进行抽帧编辑，如图4-113所示。

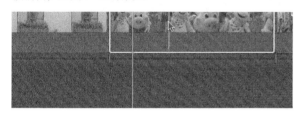

图4-113

在播放整个片段时发现，当切换到片段"MI1A8070"时，音乐有一个明显的段落节点，这个点也是制造节奏的一个较好的选择。因此，最终选定时间线中的片段"MI1A8070"作为抽帧编辑的片段。

STEP 02 首先明确一下编辑思路。片段"MI1A8070"需要改变一下剪辑节奏，需要将这个片段做一些剪辑效果的处理。

抽帧效果，顾名思义，就是将片段中的个别单帧单独抽取，然后组成新的片段。连续跳跃的视频有序组合成为一种剪辑方法，这种编辑给人带来一种全新视觉体验。

在时间线中选中片段"MI1A8070"，然后右击片段，弹出快捷菜单，选择"在浏览器中显示"选项，或按快捷键【Shift+F】，如图4-114所示。

图4-114

STEP 03 此时，在时间线上选中的片段"MI1A8070"就会在事件浏览器中高亮显示，片段在事件浏览器中的开始点和结束点与时间线上的开始点与结束点相同，如图4-115所示。

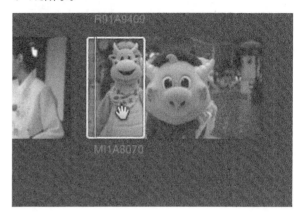

图4-115

提示： 有时会发现，使用"在浏览器中显示"这个功能时，时间线中片段的长度与事件浏览器所建立的选区长度不一样，原因有可能是对时间线上的片段做了快/慢放处理。

STEP 04 将事件浏览器中的片段"MI1A8070"的播放头放置到选区的开头位置，确定时间线中的播放头也处于片段"MI1A8070"的开始点，在事件浏览器选中时，单击"编辑"→"连接静帧"命令，或按快捷键【Option+F】，如图4-116所示。

图4-116

这时有一个长度为4帧的单帧片段被连接到时间线中的片段"MI1A8070"（由于之前已经更改软件偏好设置，在默认状态下静帧片段的长度为4秒），如图4-117所示。

图4-117

▶ 实例——显示片段时长

在制作播出节目时，有时需要一个精确的时间长度，这时就需要将节目时长调整得分秒不差，这也就需要在软件中查看单个片段或多个片段的时长。

STEP 01 选择"MI1A8070"上方的静帧片段，如图4-118所示。

图4-118

STEP 02 单击"修改"→"更改时间长度"命令，或按快捷键【Control+D】，如图4-119所示。

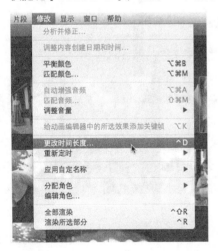

图4-119

STEP 03 此时，时码框中数字的颜色发生了变化，而且数字也发生了变化。如图4-120所示，两幅图片右边的图标也有不同，上方图片显示的是播放头所在位置的时码，下方图片显示的是片段时长。

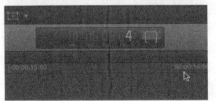

图4-120

一起来认识一下时码框里所显示的数字，它们分别是时、分、秒、帧，如图4-121所示。

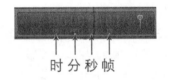

时 分 秒 帧

图4-121

STEP 04 单击"Final Cut Pro"→"偏好设置"命令，或按快捷键【Command+,】，如图4-122所示。

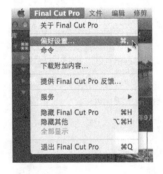

图4-122

STEP 05 此时会弹出"通用"对话框，单击"通用"按钮，然后展开"时间显示"下拉列表，可以选择不同的显示方式，如图4-123所示。

图4-123

STEP 06 回到事件浏览器继续接下来的工作。选择事件浏览器中的片段"MI1A8070"，连按4次方向键"→"，按快捷键【Command++】放大片段长度，如图4-124所示。可以看到时间线中的播放头向后挪动了4帧。

图4-124

▶ **实例——显示浏览条信息**

　　FCPX中隐藏了许多细小而又实用的功能，下面介绍如何显示浏览器中的片段信息。

STEP 01 单击"显示"→"显示浏览条信息"命令，或按快捷键【Control+Y】，如图4-125所示。

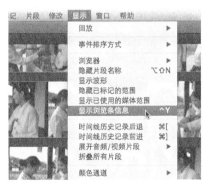

图4-125

STEP 02 此时在浏览器中，被选中片段的播放头上方会出现一个半透明的灰色屏幕提示框，其中会显示片段名称和播放头所处位置的"TC"码，如图4-126所示。

图4-126

STEP 03 继续按快捷键【Option+F】，在片段上快速连接单帧文件，然后反复几次对视频片段进行抽帧处理，如图4-127所示。

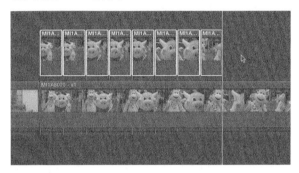

图4-127

STEP 04 在事件浏览器中，在片段最后抽帧处按【I】键，建立关键帧，然后按连接编辑快捷键【Q】进行连接编辑，如图4-128所示。

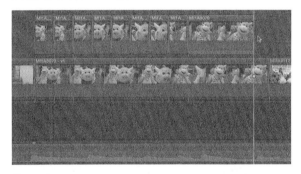

图4-128

▶ **实例——设置静帧为开始点**

STEP 01 如果不小心改变了事件浏览器中的片段播放头的位置，可以将时间线中的播放头放置到选中的最后静帧画面上，如图4-129所示。

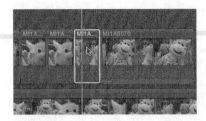

图4-129

STEP 02 按快捷键【Shift+F】，此时事件浏览器中会建立一个当前帧的选区，如图4-130所示。

图4-130

STEP 03 不要挪动事件浏览器中的播放头，单击时间线中最初的片段"MI1A8070"，如图4-131所示。

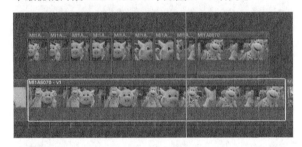

图4-131

STEP 04 按快捷键【Shift+F】软件会将选区加大，但是播放头的位置没有发生变化，如图4-132所示。

图4-132

STEP 05 按快捷键【I】，就在时间线中获得了以最后一个静帧为开始点，以片段"MI1A8070"的结尾为结束点的选区，如图4-133所示。

图4-133

播放时间线上的抽帧片段，可能会觉得抽帧的时长略微有些不妥，接下来介绍一种便捷快速的方法，精确地修改片段长度。

▶ 实例——调整时间线中抽帧画面的长度

STEP 01 按住鼠标左键框选时间线上所有的静帧片段，如图4-134所示。

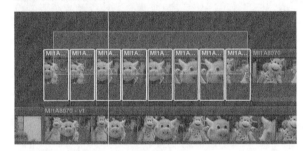

图4-134

STEP 02 按快捷键【Command+G】，将框选片段放置到一个次级故事情节中，如图4-135所示。

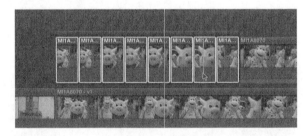

图4-135

STEP 03 保持时间线中的静帧片段处于选中状态，按快捷键【Control+D】。此时，时码框中的数字会变成图4-136所示的状态。

STEP 04 输入数字5，并按回车键，如图4-137所示。

图4-136

图4-137

此时，时间线中所有的静帧片段都被加长到了5帧，如图4-138所示。

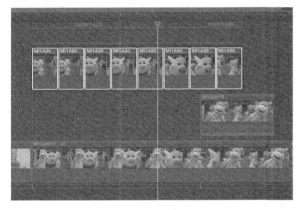

图4-138

STEP 05 将静帧片段下方的片段向后顺延，同时将后面片段的声音拉到最低，如图4-139所示。

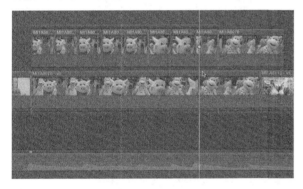

图4-139

播放这个片段，发现最后一个静帧结束的点并没有与下方的音频重音点对齐。下面解决这个问题。

STEP 06 选中静帧片段中倒数第2个片段，按快捷键【Control+D】，在时码框中输入数字4，将该片段减少1帧；选中静帧片段中最后一个片段，按快捷键【Control+D】，在时码框中输入数字3，将该片段减少2帧。

同时，后面顺延片段需要对齐下一个重音点，所以需要延长连接静帧片段的结束点至音乐的下一个重音点，如图4-140所示。

图4-140

那么问题又来了，如何将时间线中后续片段整体移动？可以利用磁性时间线的天然优势，在主故事情节中插入空隙来快速实现。

▶ **实例——利用磁性时间线整体移动片段**

STEP 01 将播放头放置到片段"MI1A8113"的开始点，如图4-141所示。

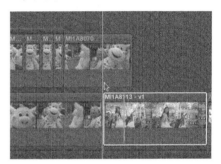

图4-141

STEP 02 单击"编辑"→"插入发生器"→"空隙"命令，或按快捷键【Option+W】，如图4-142所示。

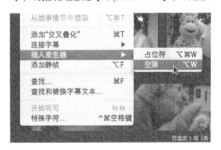

图4-142

此时，磁性时间线中多了一个空隙片段，如图4-143所示。

图4-143

STEP 03 按快捷键【Option+]】，对空隙片段的结尾进

行快速修剪，删除下方的原始片段，就完成了本片段快速抽帧的制作，如图4-144所示。

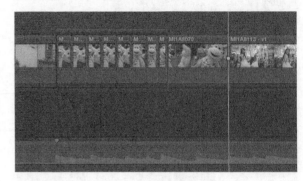

图4-144

4.5 速度的高级应用

很多客户对剪辑师的要求都有相同一条——节奏感强。提升影片节奏感的方法有很多，如音乐、镜头的剪辑率、画面包装等。

镜头的节奏感来自于内部变化，也可以是镜头运动所产生的变化。镜头的速度控制也能够增强画面的节奏感，能够让看似平淡无奇的镜头变得精彩纷呈。下面就来学习一下FCPX强大的速度控制功能。

在具体操作前，先在"第四章"资源库中新建事件"4.5"（快捷键为【Option+N】），全选事件"4.4"中的视频片段，按住【Option】键拖到事件"4.5"中，所选片段就被复制到事件"4.5"中了。用同样的方法将事件"4.4"中的工程文件"4.4"复制到事件"4.5"中，并将事件"4.5"中的工程文件重命名为"4.5"。

4.5.1 更改片段速度

在FCPX中，可以对片段进行匀速和变速的速度调整，同时保留音频的音高，这节将演示如何进行速度的调整。

▶ 实例——片段速度的设置

STEP 01 在事件浏览器中双击打开项目"4.5"。

STEP 02 选中片段"MI1A8119"，然后单击时间线右上方的"重新定时"按钮，在下拉菜单中选择"显示重新定时编辑器"选项，或按快捷键【Command+R】，如图4-145所示。

图4-145

此时，片段"MI1A8119"多了一条绿色的速度提示条，如图4-146所示。

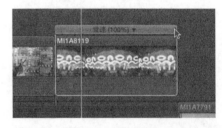

图4-146

STEP 03 将鼠标指针移动到提示条的右端，然后按住鼠标左键，分别向左、向右挪动一点，如图4-147所示。

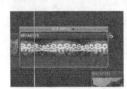

图4-147

不难发现，当片段被拉长放慢时，提示条会变成黄色；当片段被压缩加快时，提示条会变成蓝色。

STEP 04 打开"自定速度"对话框，获得更多更加精确的速度调整方法。

单击片段速度提示条中间部位的下拉按钮，会弹出一个下拉菜单，选择"自定"选项，如图4-148所示。

图4-148

或者单击时间线右上方的"显示重新定时编辑器"按钮，在下拉菜单中选择"自定"选项，或按快捷键【Control+Option+R】，如图4-149所示。

图4-149

STEP 05 在"自定速度"对话框中选择"正向"或"反向"单选按钮来决定片段是正向或反向，设置速度为加速或减速，如图4-150所示。

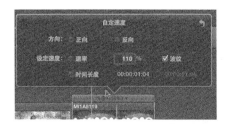

图4-150

STEP 06 接下来介绍"波纹"选项。先将片段速度恢复100%。

勾选与不勾选"波纹"选项会产生不同的效果。如果勾选"波纹"选项，片段的帧内容不会发生改变，片段会随着速度的加快或放慢而变短或变长；如果不勾选"波纹"选项，片段的长度不会发生改变（加快速度时没有超出限度的情况下），片段不会随着速度的加快或

放慢而变短或变长，如图4-151所示。

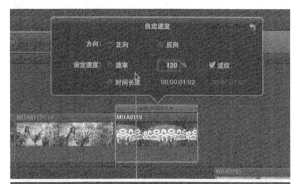

图4-151

STEP 07 下面来看一下"时间长度"功能的使用方法。选中"时间长度"单选按钮，发现当片段处于100%速率时，"时间长度"的两个数字是相同的，如图4-152所示。

图4-152

将时间设置为01:00，然后按回车键，片段"MI1A8119"的长度相应缩短为1秒钟，而速度也随之加快，如图4-153所示。

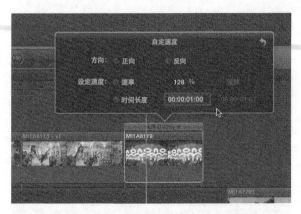

图4-153

很多时候，在已经选定片段的开始点和结尾点，而片段的长度又超过所需要的范围时，则可以通过输入需要的片段长度，进而改变片段速度，来快速得到想要的片段长度。

4.5.2 使用变速方法改变片段速率

4.5.1节介绍了多种方法来实现片段速度的匀速改变，而在剪辑工作中，经常需要通过对同一个片段的前后进行加速和减速，来达到增强画面节奏感和强调片段信息的效果。

在FCPX中实现这种效果非常简单，而且操作很便捷，下面就来学习如何快速制作变速镜头。

▶ 实例——快速制作变速镜头

STEP 01 播放整个片段，发现片段"MI1A8119"的内容为一段虚焦的旋转木马镜头，这个镜头中既没有变焦运动，也没有速度变化，导致镜头没有节奏感，也拉低了整个小片段的剪辑节奏，如图4-154所示。

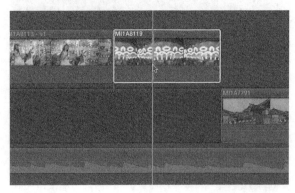

图4-154

STEP 02 想办法在速度上给片段"MI1A8119"带来一些变化。如果单纯加快或放慢片段"MI1A8119"的速度，

只会使旋转木马的旋转速度加快或放慢，并没有使其速度发生变化。不如尝试为片段做一些速度变化的操作。

选中片段"MI1A8119"右端，按住鼠标左键将其向右拖出，或按快捷键【Shift+X】，加长片段，为速度变化提供足够长度，如图4-155所示。

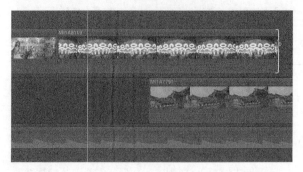

图4-155

STEP 03 观察这个片段下方的音频波形，找到一个节奏点来确定速度变化点。利用之前所学的标记方法，选中下方音频片段，然后按快捷键【M】编辑节奏点，如图4-156所示。

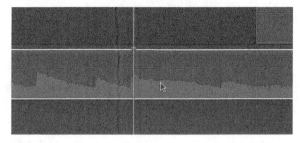

图4-156

STEP 04 选中被加长的片段"MI1A8119"，按快捷键【Command+R】显示片段重新定时编辑器，单击时间线右上方的"重新定时"按钮，在下拉菜单中选择"切割速度"选项，或按快捷键【Shift+B】，如图4-157所示。

图4-157

此时，片段上方的速度提示条被切割开，而片段没有被切割开，如图4-158所示。

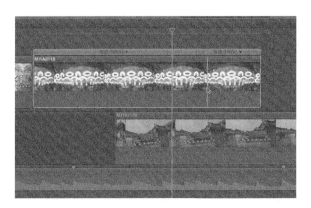

图4-158

STEP 05 将鼠标指针移至片段"MI1A8119"的速度提示条处,按住鼠标左键不放,将第一段速度提示条缩短到标记点位置,如图4-159所示。

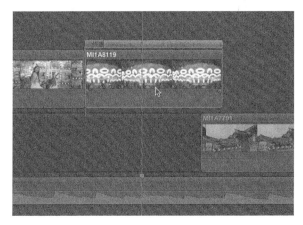

图4-159

STEP 06 播放片段"MI1A8119"前后的镜头,能感觉到经过速度变化,影片的节奏感明显增强。

变速运动中还隐藏着一些小窍门,需要向大家介绍一下。第4步剪断速度提示条时,速度提示条上并无一层半透明的白色,只有挪动速度条时半透明的白色才会出现,如图4-160所示。

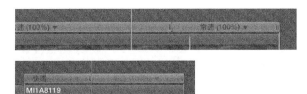

图4-160

让我们来了解一下这层半透明的白色。

选中时间线上的片段"MI1A8119",然后单击时间

线右上角的"重新定时"按钮,可以在下拉菜单中看到"速度转场"选项处于选中状态,如图4-161所示。

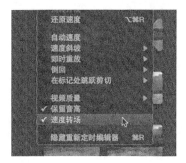

图4-161

在默认状态下,"速度转场"和"保留音高"选项处于开启状态。选择"速度转场"选项,选项会关闭,变速片段中的半透明白色也会消失,当再次开启"速度转场"选项时,半透明白色又会重现,如图4-162所示。

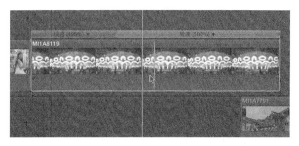

图4-162

一般的剪辑软件,当视频片段处于速度变化的状态时,音频片段或直接被屏蔽,或严重失真,因为音频片段如果被放慢,音高会变得低沉,而被加快则会变得高亮。在FCPX中,当变速工具中的"保留音高"处于选中状态时,音高不会发生变化,这一点对于剪辑中要使用同期声的片段方便了许多。

4.5.3 速度斜坡与快速跳接

前面已经介绍了匀速变化与变速变化,以及之前在静帧制作中学习了利用快捷键【Shift+H】使片段成为静帧。本节为大家介绍两个小的速度改变方法。

▶ **实例——速度斜坡与快速跳接的设置方法**

STEP 01 在时间线中选中片段"PA0A1123",如图4-163所示。"文件"→"在浏览器中显示"命令,或按快捷键【Shift+F】,在事件浏览器中定位片段。

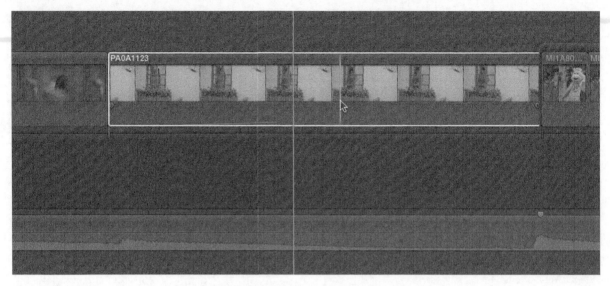

图4-163

在事件浏览器中，片段"PA0A1123"会建立一个与时间线中片段帧内容相同的选区，如图4-164所示。

图4-164

STEP 02 将时间线中的播放头放置到时间线中剪辑片段的最后，按快捷键【Q】进行连接编辑。片段"PA0A1123"在事件浏览器中所建立的选区内容就会从时间线上的播放头处向后连接到主故事情节上，如图4-165所示。

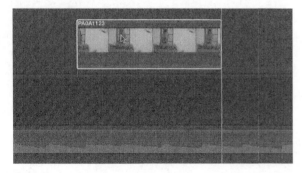

图4-165

STEP 03 保持时间线中的片段处于选中状态，然后单击"修改"→"重新定时"→"速度斜坡"→"到0%"命令，或单击时间线右上角的"重新定时"按钮，选择相同的选项，如图4-166所示。

图4-166

可以看到片段会自动展开速度提示条，而且速度提示条会被切分为好几段，数字逐一减小，如图4-167所示。

图4-167

播放这个片段，会发现片段有一个较为自然的速度递减过程，如图4-168所示。

图4-168

单击"修改"→"重新定时"→"速度斜坡"→"从0%"命令，再次播放这个片段，会发现这个片段中人物有一个较为自然的从静到动的过程。

很多时候，对于软件默认的速度渐变过程会感到不太满意，这时可以通过调整速度提示条来得到更好的效果。选中片段"PA0A1123"，按快捷键【Option+Command+R】，片段又回到了100%的常速，如图4-169所示。

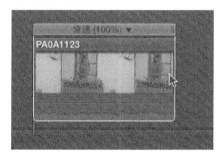

图4-169

STEP 04 播放片段"PA0A1123"，将播放头放置到片段中女主人公快要靠近窗户的位置，使片段处于选中状态，按快捷键【M】，软件会在播放头所处的位置上为片段打上一个标记点，如图4-170所示。

STEP 05 单击时间线右上方的"重新定时"按钮，在下拉菜单中选择"在标记处跳跃切割"→"10帧"命令，如图4-171所示。

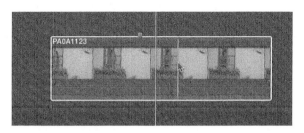

图4-170

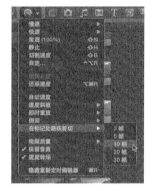

图4-171

STEP 06 片段"PA0A1123"的速度提示条上的标记点后会增加一帧的蓝色区域。播放这个片段，软件会有一个10秒的跳剪，如图4-172所示。

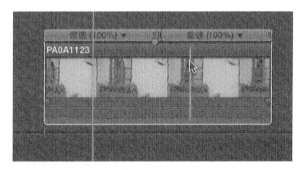

图4-172

跳剪，也是剪辑中常见的一种剪辑手法，这种剪辑手法类似于抽帧，也能够压缩时空，增强片段节奏感。对于一些过于平淡的片段，也可使用这种办法来处理。

FCPX可以很好地解决数量较大的跳剪片段，只需多打几个标记点，然后统一进行相同帧数的跳剪。

4.6 多机位片段的处理

剪辑工作常见的就是对一个或多个机位拍摄的很多视频片段组进行分类，再进行粗剪，然后精剪、添加特效直至成片完成。

然而，有时也会遇到比较复杂的情况，例如，晚会多机位同时录制、新兴的大型真人秀节目、根据音乐节奏快速剪辑等。这些情况下，通常需要一个类似于现场切割台的东西，来实现多个角度机位的快速切换，这就会用到被称为多机位剪辑的剪辑方法。

　　所谓多机位剪辑，就是将同一时间、相同内容、多个机位不同角度的素材进行剪辑。

　　Final Cut Pro X内置了这个高级功能，用于剪辑多机位素材，可以将多个片段组成一个新的组，这一点类似于复合片段。一个多机位片段最多可以容纳64个角度，每个角度可以包含多个片段。在软件中建立多机位项目，可以很便捷地实现多机位剪辑。也可以将不相关的素材分组到一起，以便进行实时编辑。例如，需要对应音乐节奏点，进行有节奏的快速剪辑。

　　接下来就学习一下这个神奇的功能，以满足以后可能遇到的多机位剪辑的工作需求。

　　在具体操作前，先在资源库"第四章"中新建一个名为"4.6"的事件（快捷键为【Option+N】），在新建的事件中新建一个名为"4.6"的项目。我们为本节专门准备了一个名为"FCPX多角度镜头素材"的文件夹，如图4-173所示。下面就来开始这个小节的学习吧。将文件夹中的内容利用之前学过的方法导入事件"4.6"中。

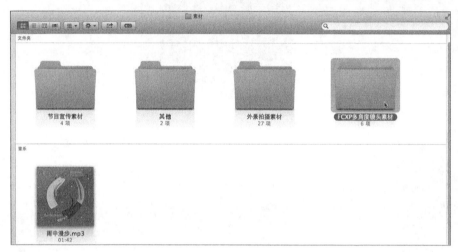

图4-173

4.6.1　创建多机位片段

STEP 01 按住鼠标左键不放，框选事件"4.6"中的所有片段，如图4-174所示。

图4-174

STEP 02 在选中的片段上单击鼠标右键，在弹出的快捷菜单中选择"新建多机位片段"命令，如图4-175所示。

图4-175

或在片段处于选中状态时，单击"文件"→"新建"→"多机位片段"命令，如图4-176所示。

图4-176

STEP 03 这时事件浏览器中会弹出新建多机位片段的对话框，选择新建多机位片段所在的事件，然后单击"好"按钮，如图4-177所示。

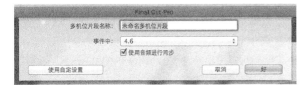

图4-177

此时会弹出一个同步多机位片段的进度条，同步时长由计算机配置和同步片段的大小来决定如图4-178所示。

图4-178

STEP 04 单击事件浏览器下方的"列表视图"按钮，使事件浏览器中的片段以列表形式排列，会发现事件浏览器中多了一个未命名的多机位片段，其图标有别于其他视频片段，这是一个由片段1~6组成的多机位片段，如图4-179所示。

图4-179

提示1: 项目、片段、复合片段与多机位片段的区别。

为了让大家更清晰地看到项目、片段、复合片段与多机位片段的区别，这里将这几种片段的图标依次列出，如图4-180所示。

图4-180

以后就可以根据图标的形状来判断片段的属性。

提示2: 多机位片段的归类。

在素材量过大时，可以通过前面所介绍的方法给素材归类，而同一个多级片段包含的素材可能归类于不同的关键词精选中，但新建的多机位片段不会继续其中原始片段的归类，而是在事件中创建一个全新片段，这是不带有任何归类等信息的新片段。

STEP 05 双击事件浏览器中新建的"未命名多机位片段"，如图4-181所示。

图4-181

可以看到，多机位片段展开后由6个角度组成。仔细观察会发现，这6个片段其实是两组多机位镜头，其中每组镜头由3个机位完成。

▶ 实例——解决播放多机位片段的弹框问题

FCXP最多允许64个角度的多机位片段同时播放。众所周知，现在高清摄像机甚至4K摄像机越来越普及，越来越高的分辨率、位深，以及色彩采样、动辄上百兆的码流，给我们带来了更大的数据流，这极其考验计算机显卡的图像处理速度与硬盘的读/写能力。在播放多机位片段的画面时，计算机常会弹出图4-182所示的"在回放过程中丢了视频帧"对话框，这种实时的弹出极大地影响工作效率，下面想办法解决这一问题。

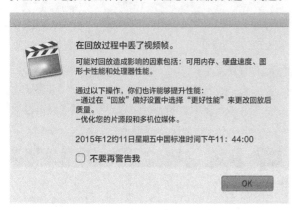

图4-182

先单击"OK"按钮，将对话框关闭。然后，单击"Final Cut Pro"→"偏好设置"命令，或按快捷键【Command +,】，如图4-183所示。

图4-183

在弹出的偏好设置对话框中单击"回放"按钮，然后取消勾选"回放"选项中的"如果丢帧，停止回放并警告"和"如果由于磁盘性能而丢帧，在回放后警告"这两个选项，然后勾选"为多机位片段创建优化的媒体"选项，如图4-184所示。

此时，软件会将多机位片段中的片段（无论原始素材采用什么编码）自动在后台将其转化为Apple ProRes 422编码。

Apple ProRes 422是苹果公司开发的一种编码，这种编码会最大限度地保留原始素材的色彩与分辨率，

同时它的体积相对较小，所以在苹果系统下常将其用做优化媒体的编码。

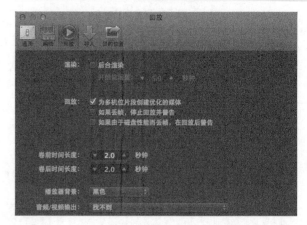

图4-184

4.6.2　自定义创建多机位片段

上一节带领大家学习了新建一个多机位片段的方法，但是所建立的多机位片段并非最终想要的，因为素材是两组由3个机位完成的多机位片段。

在实际工作中，多机位片段的建立要复杂得多。接下来为大家介绍多种以自定义方式下创建多机位片段的方法，更好地完成多机位片段的创建。

▶ 实例——以自定义方式创建多机位片段

首先要将两组片段变成一组片段，然后建立3个角度的多机位片段。

现有片段1~3、4~6为两组多机位片段，将1与4、2与5、3与6合并为3个角度。

STEP 01 在事件浏览器中，使用鼠标框选片段1与4，如图4-185所示。

图4-185

STEP 02 如果检查器处于隐藏状态，则单击"窗口"→"显示检查器"命令，或按快捷键【Command +4】显示检查器。

在检查器中选择"信息"选项卡，在窗口左下角的下拉列表中选择"基本"选项，然后在"摄像机名称"文本框中输入"A"，如图4-186所示。

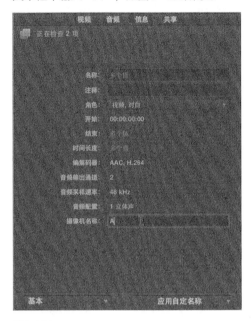

图4-186

现在片段1与4的摄像机被命名为"A"。

STEP 03 与此类似，把片段2与5、3与6分别命名为"B""C"。

STEP 04 在事件浏览器中框选片段1~6，然后单击鼠标右键，在弹出的快捷菜单中选择"新建多机位片段"命令，如图4-187所示。

图4-187

STEP 05 此时会弹出"新建多机位片段"对话框，在"角度编排"下拉列表中选择"摄像机名称"选项，在"多机位片段名称"文本框中输入"编排摄像机名称"，然后单击"好"按钮，如图4-188所示。

图4-188

此时，事件浏览器中又增加了一个新的多机位片段，如图4-189所示。

图4-189

STEP 06 双击新建的"编排摄像机名称"多机位片段，会在时间线中将多机位片段展开，多机位片段已经从6个角度合并为3个角度，但是片段后面3个片段没有对齐，如图4-190所示。

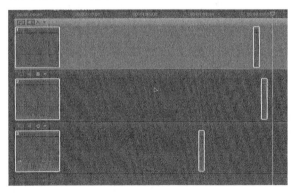

图4-190

STEP 07 在事件浏览器中继续框选这6个片段，然后单击鼠标右键，选择"新建多机位片段"命令，在弹出的"新建多机位片段"对话框中输入"多机位片段最终对齐"，然后在"角度片段排序"下拉列表中选择"时间码"选项，完成以上操作后单击"好"，如图4-191所示。

图4-191

片刻后，事件浏览器中又会新建一个名为"多机位

片段最终对齐"的多机位片段，如图4-192所示。

图4-192

STEP 08 双击事件浏览器中新建的多机位片段，如图4-193所示。

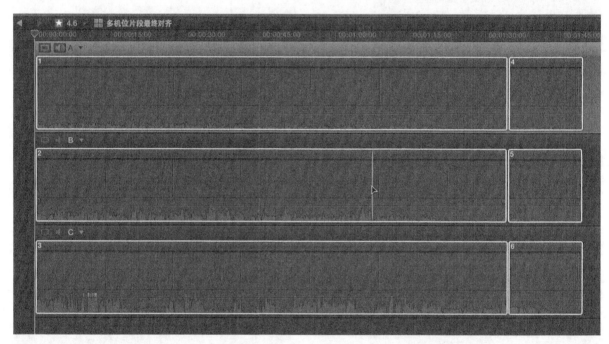

图4-193

此时，检查时间线中的片段，可见软件已经自动将两组画面的6个片段自动对齐为3个视角的一组多机位片段，而且软件会根据视频片段中的音频波形自动对齐。

提示：不同的片段对齐方式。

因为这6个片段都有音频素材，所以软件可以根据音频素材的波形进行对齐。但很多时候我们拿到的视频有可能是一段音频素材加多段视频素材，这时可以选择其他方式将素材对齐（默认情况下，"使用音频进行同步"选项是开启的）。

▶ **实例——时间码对齐**

在实际工作中，现场拍摄时为了保证收音的专业性，经常会使用调音台连接现场的多路话筒，摄像机单独拍摄画面。有的摄像机有随机话筒，但由于拍摄角度等现场问题，专业话筒录制波形与摄像机随机话筒录制波形相差很大，软件无法保证很准确地将片段对齐。

在这种情况下，现场可以将所有摄像机与调音台通过专业线路进行时码同步。如果我们得到这样的素材，可在摄像机同步时，将"角度同步"选项设置为"时间码"，片段就可通过时间码进行同步，如图4-194所示。

图4-194

▶ 实例—— 标记点同步

如果我们所拿到的同步片段,既没有在前期拍摄中进行时间码同步,软件也没有很好地完成音频同步,则可以通过标记点来进行画面同步。

下面以片段1~3为例,进行一组的标记点同步演示。

STEP 01 播放片段1,观察画面中比较好标记的地方以此来对齐3个机位的片段。我们发现可以将主持人把左手放到厨师肩膀上作为标记点来对齐3个角度的视频。

STEP 02 分别在3个片段的这个动作处打上标记点,如图4-195所示。

图4-195

STEP 03 框选3个已经做好标记的片段,然后单击鼠标右键,在快捷菜单中选择"新建多机位片段"命令,在弹出的对话框的"角度同步"下拉列表中选择"角度上的第一个标记"选项,如图4-196所示。将多机位片段名称改为"标记点对齐",然后单击"好"按钮。

STEP 04 双击事件浏览器中新建的名为"标记点对齐"的多机位片段,时间线中的3个片段会以标记点为基准对齐,如图4-197所示。

图4-196

图4-197

▶ 实例——手动对齐同步

　　播放用标记点对齐的多机位片段时，可能会因为摄像机的角度不同，而对动作的判定有不同的选择，从而导致3个角度并没有完全对齐，此时，可以通过移动时间线中的3个片段来实现将3个角度对齐的效果。

　　在时间线中展开多机位片段，软件会默认切换到"位置"工具，选中想要移动的片段，然后通过快捷键【,】或【.】来向左或右移动一帧；如果画面对齐差距较大，可按快捷键【Shift+,】或【Shift+.】向左或右移动5帧，如图4-198所示。

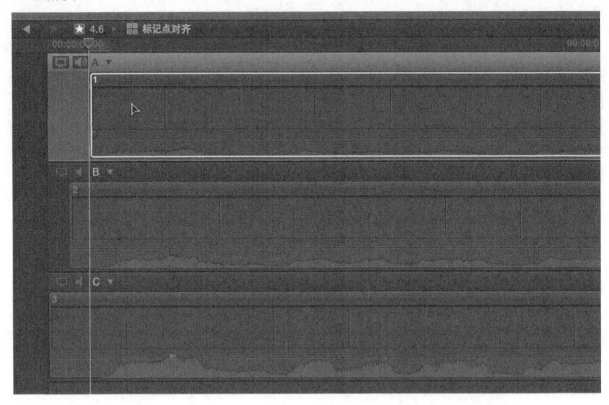

图4-198

4.6.3　剪辑多机位片段

　　通过之前的努力，我们已经在事件"4.6"的浏览器中得到了一个较为完善的多机位片段"多机位片段最终对齐"。

　　接下来对这个多机位片段进行编辑工作。

▶ 实例——多机位片段编辑处理

STEP 01 选中事件浏览器中的多机位片段，然后单击"窗口"→"检视器显示"→"显示角度"命令，如图4-199所示。

　　或是单击检视器窗口右上角的按钮，在弹出的下拉菜单中选择"显示角度"命令，或按快捷键【Shift+Command+7】，如图4-200所示。

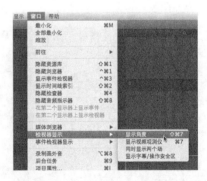

图4-199

图4-200

STEP 02 软件会在检视器的左边，增加一个显示角度的窗口，选中片段"多机位片段最终对齐"，如图4-201所示。

图4-201

如果打开的画面与图中显示的画面不同，可以单击角度检视器右上方的"设置"按钮，因为当前时间线上只有3个角度，为了让大家尽可能地看清画面，这里选择"4个角度"选项，如图4-202所示。

下面认识一下角度显示器窗口左上角的3个按钮，它们依次是：①切换角度时视频音频同时切换；②切换角度时只切换视频；③切换角度时只切换音频，如图4-203所示，可以按快捷键【Shift+ Option+1/2/3】来进行切换。

图4-202

图4-203

STEP 03 通过预览，可以发现角度C的音频信号较好，是主持人手中的麦克风信号。因此多机位切换的思路是，声音始终使用角度C，画面根据情况在3个角度间进行切换。

首先，单击事件浏览器中的"多机位片段最终对齐"片段，在角度检视器中单击左上角的只切换音频按钮，或按快捷键【Shift+Option+3】。

然后，单击角度C画面。此时，角度C画面会被绿色音频框选中，因为角度检视器默认先选中角度A，所

以此时角度A被蓝色视频框选中，如图4-204所示。

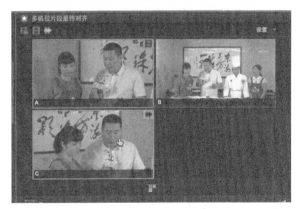

图4-204

提示： 若此操作在时间线中进行，多机位片段会从播放头处进行多机位的剪辑。

STEP 04 开始多机位片段的切换工作。可以将多机位片段看作一个普通片段，同样可以使用插入【W】、覆盖【D】、追加【E】和连接【Q】编辑。

在事件"4.6"中双击项目"4.6"，将其在时间线中打开，然后在事件浏览器中选中片段"多机位片段最终对齐"，将时间线中的播放头移动到时间线的左端，按快捷键【D】将片段覆盖到片段上，如图4 205所示。

图4-205

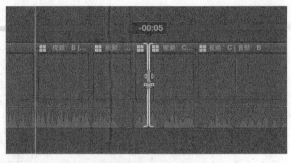

图4-208

STEP 05 将时间线中的播放头放置到时间线的开始处，将切换方式设置为只切换视频，如图4-206所示。

图4-206

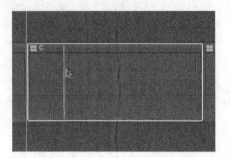

图4-209

STEP 06 在时间线上播放这条多机位片段，再利用键盘上的数字键【1】、【2】、【3】来进行3个片段的角度切换，如图4-207所示。

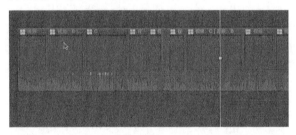

图4-207

此时，片段在切换画面的瞬间切割开来。当然这里的切割工作不太可能一次完成，中间有些精细的地方需要进行细致的修改。

STEP 07 经过多机位切换，我们迅速地对片段进行了粗剪，可以在时间线上按住鼠标左键，拖曳编辑点来进行画面的调整，如图4-208所示。也可以选中被误剪的编辑点，然后按【Delete】键，取消被切割的编辑点。

STEP 08 在切换过程中，当嘉宾说话时，嘉宾身上的麦克风信号被输入角度B。将播放头放置到嘉宾说话的片段前，如图4-209所示。

然后，在角度检视器中，将切换方式设置为只切换音频，然后单击角度B画面，如图4-210所示。

图4-210

此时，时间线中的片段画面仍然为角度C，音频为角度B，这样就完成了对片段音频视角的改变，如图4-211所示。

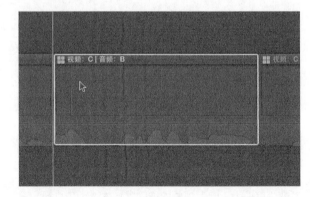

图4-211

4.7 编辑中常用的便捷方式

前面已经介绍了多种精剪时较为便捷的编辑方法。本节将介绍编者长时间使用软件所发现的一些小方法，这些方法看似不太重要，但能够让编辑工作事半功倍。

在具体操作前，先在"第四章"资源库中新建事件"4.7"，全选事件"4.4"中的视频片段，按住【Option】键将事件"4.4"中的片段拖到事件"4.7"中，事件"4.4"中的片段就被复制到事件"4.7"中了。用同样的方法将事件"4.4"中的工程文件"4.4"复制到事件"4.7"，并将事件"4.7"中的工程文件重命名为"4.7"。

4.7.1 设置时间线外观

在进行一项较大规模的剪辑时，时间线中多而杂的素材经常会让我们找不到所需片段，特别是在修改时感到无从下手，很可能会弄乱时间线。

接下来学习一下时间线外观的设置，以便更清晰地看到时间线中的片段内容。

▶ **实例——时间线外观的设置**
STEP 01 先介绍一下时间线右下角的这两个功能，如图4-212所示。

图4-212

单击带减号或加号放大镜，可以缩小或放大时间线中片段的缩放级别；也可按快捷键【Command + -】或【Command++】；还可直接拖曳滑块，如图4-213所示。

图4-213

需要快速定位时间线某一位置上的片段时，可以按快捷键【Shift+Z】，可将时间线中所有的片段缩放至窗口大小。

当编辑完成一个片段时，是否会为时间线中大量连接在主故事情节的连接线而感到烦恼？

STEP 02 单击时间线下方的"更改片段在时间线中的外观"按钮，在弹出的对话框中将"显示连接"选项取消，如图4-214所示。

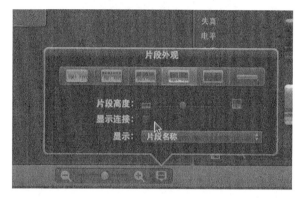

图4-214

可以看到，时间线中所有非主故事情节中的片段连接线都不见了，但是与主故事情节中片段的主宿关系依然存在，如图4-215所示。

图4-215

随意选中主故事情节中的片段，依附于主故事情节的次级故事情节或连接片段的线会显示出来，其他未选中部分的连接线依然处于隐藏状态，如图4-216所示。

图4-216

STEP 03 再来认识一下"片段外观"对话框中的片段显示选项。可以看到，"片段外观"对话框的上方显示着几种片段外观，如图4-217所示。

任意切换两种片段外观，时间线中的片段显示方式会有不同的变化，如图4-218所示。

片段中，视频连续画面与音频波形宽度都在发生变化。可以按快捷键【Control+ Option+↑/↓】，逐级进行连续画面与音频波形的宽度调整，以适应编辑时的需求。

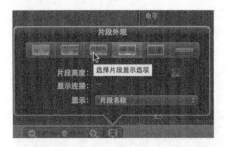

图4-217

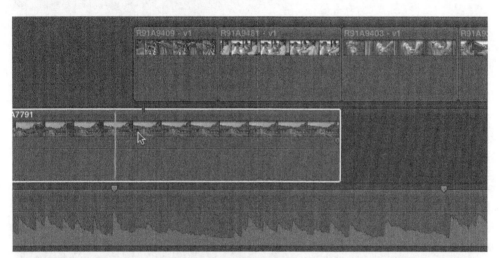

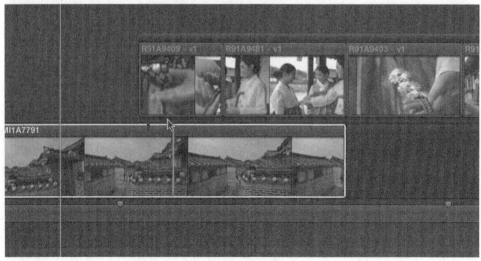

图4-218

STEP 04 在"片段外观"对话框的"片段高度"选项中，按住鼠标左键拖曳滑块，时间线中所有片段的高度都会变矮或增高，如图4-219所示。

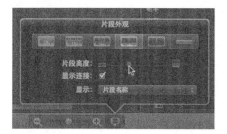

图4-219

STEP 05 在"片段外观"对话框中，展开"显示"下拉列表，可以设置片段显示类型，如图4-220所示。

关于"片段角色"会在后面的章节进行详细介绍。

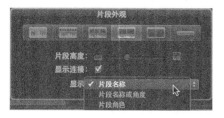

图4-220

4.7.2 巧用播放头与片段的独奏、隐藏

接下来重点介绍时间线右上方几个按钮的作用。这些使用技巧将在很大程度上加快预览素材与编辑片段的速度。

▶ **实例—— 时间线上的按钮使用技巧**

STEP 01 先介绍时间线右上角的前两个按钮的用途。

FCPX中新增了一个视频预览功能，将4个按钮中的前两个按钮高光显示，如图4-221所示。

图4-221

STEP 02 在时间线中拖曳鼠标，发现时间线中除了播放头，还有一条亮黄色的线出现，暂且将其命名为时间预览线，如图4-222所示。

图4-222

时间预览线所到之处，检视器上会显示相应的画面，同时会播放音频。

STEP 03 由于每个人拖曳鼠标的速度不一，当使用时间预览线进行片段预览时，听到的音频可能是断断续续的，伴随着音高的变化，这种杂乱的预览声音可能会影响到我们的编辑状态。此时，可以单击第2个按钮，使其灰色显示，或按快捷键【Shift+S】，关闭音频，如图4-223所示。

图4-223

再次拖曳时间预览线时，预览声音就会关闭。

STEP 04 选中时间线中的片段"MI1A7791"，然后单击时间线第3个按钮"单独播放所选项"，使其高亮显示，或按快捷键【Option+S】，如图4-224所示。

图4-224

STEP 05 此时，在时间线中除了所选片段，其他片段都变成了黑白色，如图4-225所示。播放所选片段，发现时间线中其他片段的声音都被屏蔽了，画面会增长播放，唯一能够听到的音频来自于所选片段。再次单击"单独播放所选项"按钮，或按快捷键【Option+S】，片段会恢复到之前的正常状态。

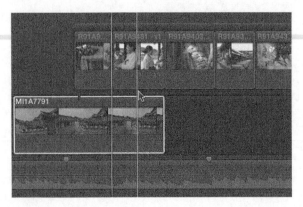

图4-225

STEP 06 单击时间线右上角的"吸附"按钮,或按快捷键【N】,如图4-226所示。

图4-226

拖曳播放头,当其不在片段编辑头或标记点时,检索线显示为橘黄色;当检索线处在编辑头或标记点时,检索线显示为亮黄色,如图4-227所示。

图4-227

STEP 07 再次选中时间线中的片段"MI1A7791",然后单击"片段"→"停用"命令,或按快捷键【V】,如图4-228所示。

图4-228

STEP 08 此时,时间线中的片段"MI1A7791"呈深色显示,如图4-229所示。播放这个片段,检视器中并没有这个片段的图像显示;如果该片段下方有其他片段,软件会默认隐藏的片段不存在,而显示下方的片段。再次按快捷键【V】,此片段又会被再次启用。

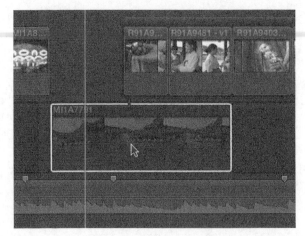

图4-229

4.7.3 使用时码与改变、忽略连接线

摄像机拍摄时,时码会伴随着拍摄过程被记录到素材上,在剪辑中可以用时码来同步多机位片段。时间线上也有一个时码,它可以让我们准确得到编辑的时长。无论什么样的时码,都会给后期编辑带来很多的便捷。

下面对时码的种类与应用做一下介绍。

先来认识一下在前期拍摄中经常使用的3种时码:TC码、CTL码、UB码。

TC码:TC是Time Code的缩写,是国际上通用的一种描述磁带上所记录信息的地址的二进制码。由于TC码是绝对码,表示的是磁带位置的绝对信息,采编人员可以利用前期的场记,在后期编辑时把有用的节目素材段起始与终止点的TC码作为编辑的入点和出点,可方便地完成节目上载,或利用TC码进行EDL(Editorial Determination List,编辑决策列表)编辑,提高编辑工作的效率。

CTL码:英文Control的缩写,是由专用的CTL磁头在录像带控制磁迹上记录的控制信号,是频率为25Hz(PAL制的帧频)的方波脉冲。计数方式按××小时××分钟××秒××帧的形式表示磁带的位置,每25个脉冲计算为1秒。

UB码:UB是User Bit的缩写,是一种类似于TC码的记录时码。TC是时间代码,UB是用户比特。TC码是按下摄像机录制开关后才会运行的时码,UB码是摄像机始终都在运行的时码。在摄像机菜单里可预设时间代码和用户比特。这个预设主要用于两台以上的摄像机拍摄相同画面时,可以不用考虑摄像机换卡、换电池等问题,便于后期的编辑制作方便。

在数字化音响中用电脉冲表达音频信号,1代表有脉冲，0代表脉冲间隔。比特数越高，表达模拟信号就越精确，对音频信号还原能力越强。

▶ **实例——时码在事件浏览器中的使用**

STEP 01 锁定事件浏览器中的"MI1A7860"与"MI1A7861"两个片段，从文件名上可以判定，这是前期拍摄中，两个前后挨着的视频片段，如图4-230所示。

图4-230

STEP 02 将播放头放置到片段"MI1A7860"的最后一帧，再将播放头放置到片段"MI1A7861"的起始帧，分别观察时码数字，如图4-231所示，很显然这两个片段肯定不是23小时的长度；再加上前一片段的末帧与后一片段的首帧正好可以衔接起来，这说明时码窗口中显示的是摄像机的TC码。

图4-231

STEP 03 按快捷键【R】，将工具切换至"范围选择"工具。当片段"MI1A7860"处于未被选中的状态时，在片段"MI1A7860"上按住鼠标左键拖曳建立一个选区，在拖曳鼠标时，鼠标指针右侧会出现一个时码，说明我们已经建立起一个时长为01:22的片段，如图4-232所示。

图4-232

STEP 04 保持事件浏览器中的片段"MI1A7860"处于选中状态，时码窗口如图4-233所示。

图4-233

按快捷键【Control+D】，观察此时的时码窗口，发现其显示的是片段长度，如图4-234所示。

图4-234

使用数字键盘输入数字20，然后按键盘上的【return】键。此时，软件会自动从开始处建立一个新的20帧长度的选区。

再次按快捷键【Control+D】，可以确定此时片段确实为20帧的长度，如图4-235所示。

图4-235

STEP 05 保持事件浏览器中的片段"MI1A7860"处于选中状态，按快捷键【Control+D】。

使用数字键盘输入"+10"，然后按键盘上的【return】键。此时，软件会自动将选区从结尾处增加10帧，如图4-236所示。

图4-236

再次按快捷键【Control+D】，时码窗口显示为"01:05"的字样，如图4-237所示。因为时间线的帧速率为25帧/秒，经过换算，此时选区的长度为30帧。

图4-237

通过这种方式，可以精确地建立相关长度的选区。

STEP 06 保持事件浏览器中的片段"MI1A7860"处于选中状态，按快捷键【Control+P】。

在时码窗口中，时码后面的标志变成了指针状，使用数字键盘输入数字50，软件自动换算为"02:00"的字样，如图4-238所示。

图4-238

与此同时，事件浏览器中的播放头也会自动从开头跳到第50帧的位置，如图4-239所示。

图4-239

STEP 07 再次按快捷键【Control+P】，然后使用键盘输入"+10"，发现指针的后面增加了一个向后的箭头，如图4-240所示。

图4-240

按键盘上的【return】键，事件浏览器中的播放头

会向后挪动10帧，如图4-241所示。

图4-241

以上已较为全面地介绍了时码在事件浏览器中的使用。接下来看一下时码在时间线中的使用。

▶ **实例—— 时码在时间线中的使用**

STEP 01 时码在时间线中的使用方法，之前的章节中也有提及，与在事件浏览器中的使用类似，也可以按快捷键【Control+D】，然后在时码窗口输入数字，改变时间上片段的长度。

单击时间线中的任意位置，或按快捷键【Command+2】，切换到时间线窗口。双击时码窗口中的时码，或按快捷键【Command + P】，使用数字键盘输入2000，软件会自动识别为20:00，如图4-242所示。

图4-242

STEP 02 按键盘上的【return】键，时间线中的播放头自动跳到时间线20分钟的位置，如图4-243所示。可以使用这种方法快速定位时间线中的位置，这种方法被称为"时间码导航"。

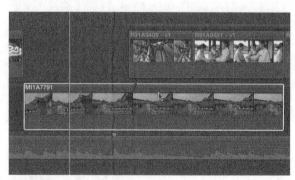

图4-243

这里再学习一个小的知识点——怎样忽略片段连接线。

FCPX提供了创造性的磁性时间线，与此同时取消了轨道的概念，这种创新的方式极大地方便了剪辑工作，但有时也会产生一些苦恼。

例如，在时间线中的片段"MI1A7791"处，如果只想移动片段"MI1A7791"的位置，而不想移动其连接的次级故事片段，如图4-244所示，该如何操作呢?

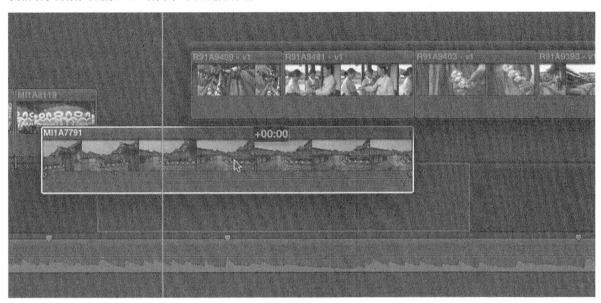

图4-244

下面提供两种方法来解决这个问题。

▶ **实例——改变连接线的位置**

选中片段"MI1A7791"上连接的次级故事情节，然后按住【Command+Option】组合键，在片段"MI1A7791"后的空隙片段上方的次级故事情节的上边缘单击。此时，次级故事情节的连接线由片段"MI1A7791"移到后面的空隙片段上了，如图4-245所示。

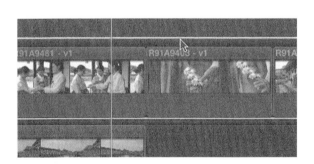

图4-245

按快捷键【Command+Z】撤销上一步的操作，将次级故事情节的连接线恢复到片段"MI1A7791"上。

▶ **实例——忽略连接线**

按住【`】键，此时，时间线中的鼠标指针后会增加一个斜杠划过连接线的小标志 。

继续按住【`】键，然后按住鼠标左键拖曳片段"MI1A7791"，如图4-246所示。

图4-246

　　此时，片段"MI1A7791"附属的次级故事情节并没有跟随移动，而且软件会自动将片段"MI1A7791"的位置用空隙来填补。

第 5 章　画龙点睛——滤镜及转场

滤镜，是指添加到视频或音频上的一种效果，可以形象地理解为给电影镜头戴上一个有色的镜片。很多时候为画面添加细小的修饰，会更加突出画面的主体，带来更丰富的视觉体验，提高整个影片的视觉品质。

转场，是两个视频片段之间的一种剪辑处理，能够很好地将两个镜头以一种特效的方式过渡。很多时候它可以对片段组镜起到累积的作用，并强调片段，或增强片段节奏感，或使镜头跳点平滑过渡。

FCPX内置了许多高品质的视频滤镜，加之64位的软件架构，可充分释放计算机性能，能够轻松地处理多重滤镜及复杂转场带来的复杂运算。

与此同时，FCPX允许大量第三方插件搭载软件平台，其中音频方面增加了大量Logic专业音频插件，而且很大程度上提高了稳定性。

本章将着重介绍常用视频滤镜的使用方法。

在具体操作前，先建立一个名为"第五章"的资源库，将"第四章"资源库中的事件"4.7"复制到"第五章"资源库中，然后将复制过来的事件重命名为"5.1"，并将事件"5.1"中的工程文件也重命名为"5.1"。最后删除新建资源库中默认建立的其他事件（每个资源库中至少需要一个事件）。

5.1　添加视频滤镜

Final Cut Pro X除了提供全新的素材规整功能，以及强大的编辑功能外，还提供了一个丰富多彩的滤镜库，可以很便捷地将滤镜拖曳到片段上进行应用。为了增加片段效果的多样性，还可以在一个片段上添加多层滤镜效果。与此同时，还可通过关键帧使滤镜效果产生变化，从而使单个片段的效果更加多样。

接下来介绍一下如何添加视频滤镜。

5.1.1　添加单一滤镜

STEP 01 如果软件界面中没有打开"效果"窗口，那么需要打开"效果"窗口。单击"窗口"→"媒体浏览器"→"效果"命令，或按快捷键【Command+5】，如图5-1所示。

或者，单击时间线窗口右上方的"展示或隐藏效果浏览器"按钮，如图5-2所示。

图5-2

这样即可打开"效果"窗口，时间线窗口右上角的"展示或隐藏效果浏览器"按钮也被点亮，如图5-3所示。

图5-3

图5-1

STEP 02 将"效果"窗口左上角的"所有视频和音频"保持在选中状态。此时,"效果"窗口的右下角会显示"636项",这说明Final Cut Pro X自带636个视频和音频效果,如图5-4所示。

上,效果小窗口会显示一个微缩的预览效果,如图5-7所示。

图5-7

图5-4

检视器中也会显示片段"MI1A7791"添加此效果后的预览效果,如图5-8所示。

提示: 关于第三方插件。

　　FCPX支持多家第三方公司的插件,如FxFactory、Waves等,使大量插件能够在剪辑平台使用。

　　安装第三方插件后,会自动添加到"效果"窗口中,可以很便捷地调用这些效果。

图5-8

STEP 03 在时间线窗口中单击,或按快捷键【Command+2】,保持时间线窗口处于选中状态。

　　双击时码窗口,或按快捷键【Control+P】。然后使用数字键盘输入数字"2200",按Return键,如图5-5所示。

STEP 05 在时间线中单击空白区域,取消时间线中选中的片段,保持播放头处于22:00位置不变,如图5-9所示。

图5-5

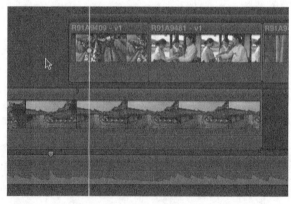

图5-9

　　此时,时间线中的播放头会被放置到片段"R91A9409"与片段"MI1A7791"的重叠区域,如图5-6所示。

STEP 06 再次进入"效果"窗口,将鼠标指针移至"交叉影线"效果。此时,"交叉影线"效果的预览画面变成了片段"MI1A7791"上方的片段"R91A9409"的预览效果,如图5-10所示。

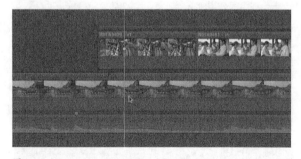

图5-6

图5-10

STEP 04 选中时间线中的片段"MI1A7791",然后将鼠标指针移动到"效果"窗口中的"交叉影线"效果

与此同时，检视器中的画面也变成了片段"R91A9409"的预览效果，如图5-11所示。

图5-11

FCPX拥有强大的图像处理能力，允许用户实时预览添加视频滤镜后视频片段的效果。

提示： 无论检视器中当前选中的显示比例有多大，当处于效果预览状态时，检视器中的画面都会默认铺满全屏，以便看到整个画面经过特效处理后的效果。

STEP 07 此时还没有真正地将滤镜添加到片段"R91A9409"上，下面介绍如何将滤镜添加到片段上。

单击"交叉影线"效果，按住鼠标左键将其从"效果"窗口拖曳到时间线上的片段"R91A9409"处，鼠标指针右下方会增加一个加号标志，同时，片段被蒙上了一层半透明的白色，如图5-12所示。

图5-12

STEP 08 保持时间线中的片段"R91A9409"处于选

中状态。如果检查器窗口处于隐藏状态，则按快捷键【Command+4】将检查器窗口打开。

可以在检查器窗口的"效果"栏里，看到新添加的视频效果，还可以通过调节参数来改变片段效果，如图5-13所示。

图5-13

▶ 实例——快速制作试演特效片段

STEP 01 单击"交叉影线"效果，按住鼠标左键及【Control】键，将其从"效果"窗口拖曳到时间线上的片段"R91A9481"处，如图5-14所示。

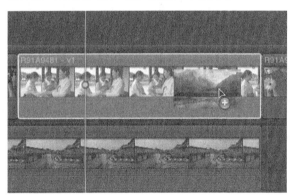

图5-14

STEP 02 释放鼠标，会发现片段"R91A9481"左上方的名称处多了一个试演片段的标志，如图5-15所示。

图5-15

按快捷键【Y】可以打开片段的试演效果，发现建立了两个试演片段，一个是时间线中的原始片段，另一个是添加滤镜后的片段。单击试演对话框中的"完成"按钮，将试演对话框关闭，如图5-16所示。

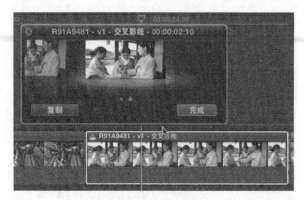

图5-16

STEP 03 按快捷键【Control+Option+←/→】，快速切换片段添加滤镜前后的效果。

将片段"R91A9481"在试演中切换到添加滤镜后的状态，右击该片段，在弹出的快捷菜单中选择"试演"→"完成试演"选项，或按快捷键【Option+Shift+Y】，如图5-17所示。

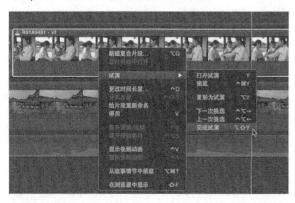

图5-17

此时片段"R91A9409"与"R91A9481"都被添加上了视频效果"交叉影线"，如图5-18所示。

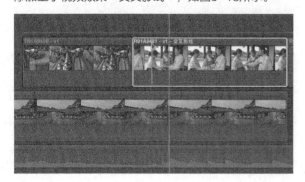

图5-18

▶ **实例——双击添加特效**

STEP 01 选中时间线中的片段"R91A9403"，如图5-19所示。

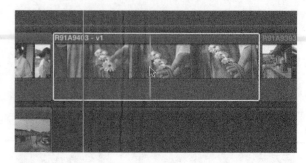

图5-19

STEP 02 双击"效果"窗口中的"交叉影线"效果，如图5-20所示。可以在检查器中看到片段"R91A9403"已经被添加了"交叉影线"效果，如图5-21所示。

图5-20　　　　图5-21

5.1.2　添加多层滤镜及删除、隐藏滤镜

在实际应用中，为了丰富片段的质感以达到要求，往往会对片段进行多层滤镜效果的添加。

接下来介绍如何为片段添加多层滤镜。

▶ **实例——为片段添加多层滤镜**

STEP 01 单击"假像"效果，按住鼠标左键将其从"效果"窗口拖曳到时间线上的片段"R91A9409"处，如图5-22所示。

图5-22

STEP 02 保持时间线上的片段"R91A9409"处于选中状态，查看检查器窗口会发现片段被添加了"交叉影线"与"假像"两个滤镜，如图5-23所示。

图5-23

观察检视器中的画面，片段"R91A9409"被赋予了两层滤镜，如图5-24所示。

图5-24

STEP 03 回到检查器窗口，按住鼠标左键将"假像"效果向上拖曳到"交叉影线"效果上方，如图5-25所示。

图5-25

STEP 04 再次观察检视器中的画面，虽然片段"R91A9409"与之前一样都被赋予了两层滤镜，但是其最终显示结果并不相同。"效果"栏中的滤镜效果会自上而下逐一添加，如图5-26所示。

图5-26

STEP 05 有很多时候会将不需要的滤镜删除或暂时隐藏。接下来介绍如何删除或隐藏滤镜。

选中时间线上的片段"R91A9481"，如图5-27所示。

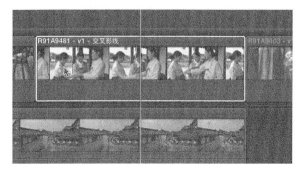

图5-27

STEP 06 单击检查器窗口"效果"栏中的"交叉影线"选项，如图5-28所示。

图5-28

按【Delete】键，会发现"效果"栏中的效果被清空了，如图5-29所示，检视器中的画面也回归到添加滤镜前的效果。

图5-29

STEP 07 选中时间线上的片段"R91A9403",如图5-30所示。

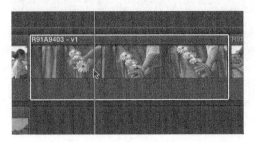

图5-30

STEP 08 在检查器窗口中,单击"效果"栏中的"交叉影线"选项前的蓝色方框,如图5-31所示。

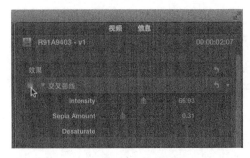

图5-31

可以看到"交叉影线"效果前的蓝色方框变暗,如图5-32所示,与此同时,检视器中的画面也回到了添加滤镜前的状态,滤镜效果隐藏起来了。

图5-32

5.1.3 给多个片段添加滤镜及复制滤镜

剪辑工作是为了使镜头组镜效果统一,添加视频效

果时有可能是成组地添加。而上面这种给单个片段添加视频效果的方式,极大地增加了不必要的工作量。接下来介绍一下如何成组地为片段添加视频效果。

▶ **实例——为片段添加视频效果**

STEP 01 在时间线中,按住鼠标左键框选片段"R91A9481""R91A9403""R91A9393",如图5-33所示。

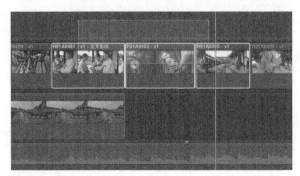

图5-33

STEP 02 此时,如果将"效果"窗口的滤镜拖到这3个片段中的任意一个片段上,都无法同时为3个片段添加特效,如图5-34所示。

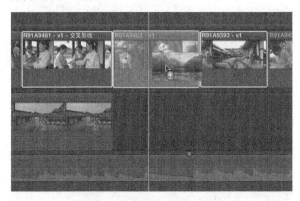

图5-34

STEP 03 按快捷键【Command+Z】,撤销上面添加滤镜特效的操作,保持时间线中3个片段处于选中状态。

双击"效果"窗口中的"交叉影线"特效,如图5-35所示。

图5-35

STEP 04 此时可以发现，时间线中3个被选中片段的上方已显示出橙红色带渲染条，播放这些片段，发现它们都被添加上了"交叉影线"视频滤镜，如图5-36所示。

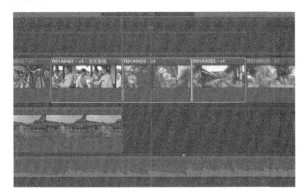

图5-36

以上实现了简单地给多个片段添加滤镜的任务。但是，在实际应用中需要调整滤镜的有关参数，所以往往先将一个片段的滤镜参数调整合适，再将滤镜复制到其他片段上，从而实现镜头组镜滤镜相同的效果。

接下来介绍一下如何复制片段属性，并将其赋予其他片段。

▶ 实例——复制片段属性给其他片段

STEP 01 按快捷键【Command+Z】，撤销给以上3个片段添加滤镜的操作。

此时，片段"R91A9409"被添加了两层视频滤镜，需要将这两个滤镜复制到时间线中被框选的3个片段上，如图5-37所示。

图5-37

STEP 02 选中时间线中的片段"R91A9409"，按快捷键【Command+C】复制，如图5-38所示。

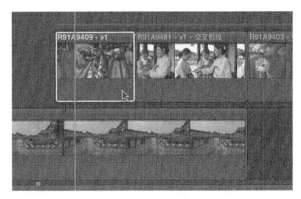

图5-38

STEP 03 再次选中片段"R91A9409"后面的3个片段，然后单击"编辑"→"粘贴属性"命令，或按快捷键【Shift+Command+V】，如图5-39所示。

STEP 04 此时弹出"粘贴属性"对话框，在对话框中勾选"效果"选项，然后单击"粘贴"按钮，如图5-40所示。

图5-39

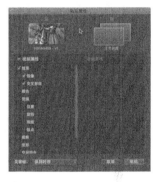

图5-40

STEP 05 通过播放这个片段，或分别单击这些片段查看检查器中的"效果"栏，可以发现时间线上的后面3个片段都被赋予了与片段"R91A9409"上相同属性、相同参数的特效滤镜，如图5-41所示。

图5-41

通过这种方法，可以先对需要添加滤镜的镜头组中的一个镜头添加相关滤镜并调整相应参数，然后复制该片段，再将片段上的属性复制到其他镜头上。这样既可以减少工作量，也可以减少不必要的错误操作。

5.2 设置关键帧动画

本节将介绍滤镜参数的调整方法，以及通过建立关键帧，为片段滤镜增加更多变化。

▶ 实例——为滤镜设置关键帧动画

在具体操作前，先在"第五章"资源库中新建事件"5.2"（快捷键为【Option+N】），全选事件"5.1"中的视频片段，按住【Option】键将事件"5.1"中的片段拖到事件"5.2"中，以复制片段。用同样的方法将事件"5.1"中的工程文件"5.1"复制到事件"5.2"，并将事件"5.2"中的工程文件重命名为"5.2"。

STEP 01 双击打开事件"5.2"中的工程文件"5.2"，将时间线中的播放头，放置到时间线中的片段"MI1A7791"的开头处，播放这个片段。

可以看出这个片段的大概意思：3位穿戴时尚的年轻女子进入一个古色古香的镇子，她们一起穿着韩服，品味这个小镇的韵味，如图5-42所示。

图5-42

思路：3位女孩从穿着现代衣服到穿韩服，需要一个滤镜来过渡，滤镜是从无到有的一个渐变过程，还需要从片段"R91A9403"处顺着女主人公手上的动势产生从有到无的渐变。

要完成这个构想，需要将这几个片段中原有的视频滤镜删除，然后重新建立起一个复合片段，这样将方便为滤镜添加关键帧动画。

STEP 02 按住鼠标左键，在时间线中框选片段"R91A9409""R91A9481""R91A9403""R91A9393"这4个带有滤镜的片段，如图5-43所示。

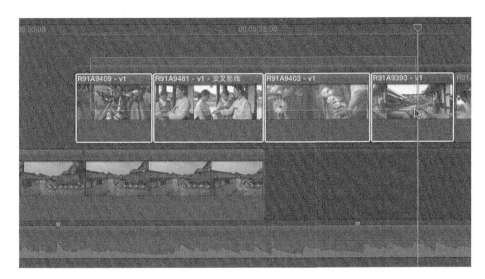

图5-43

STEP 03 保持4个片段处于选中的状态，单击"片段"→"显示视频动画"命令，或按快捷键【Control+V】，如图5-44所示。

STEP 04 此时，时间线上的4个被选中片段的视频动画页面展开了，如图5-45所示。

图5-44

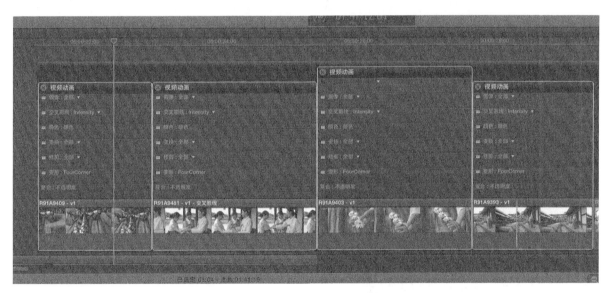

图5-45

选中任意片段上的滤镜，被选中的滤镜高亮显示，按【Delete】键快速删除滤镜，如图5-46所示。

使用这种办法删除片段上的滤镜，避免了在时间线与检查器之间来回切换，极大地提高了工作效率。

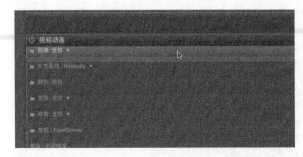

图5-46

STEP 05 使用这种方法将这4个片段上添加的滤镜快速删除，如图5-47所示。

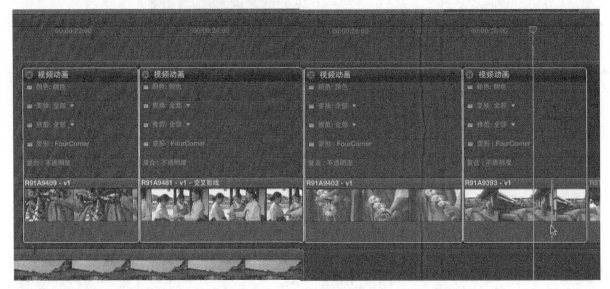

图5-47

STEP 06 选中时间线中的片段"MI1A7791"以及其连接的次级故事情节，如图5-48所示。

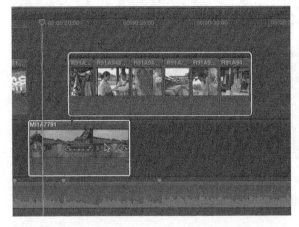

图5-48

单击"文件"→"新建"→"复合片段"命令，或按快捷键【Option+G】，如图5-49所示。

图5-49

在弹出的"新建复合片段"窗口中，可以为复合片段重命名，然后单击"好"按钮，新建一个复合片段，如图5-50所示。

STEP 07 在"效果"窗口中选择"光源"分类中的"散景随机"滤镜（通过分类减少查找的工作量），如图5-51所示。

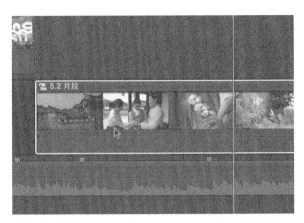

图5-50

图5-51

将"散景随机"效果拖曳到新建的复合片段上，如图5-52所示。

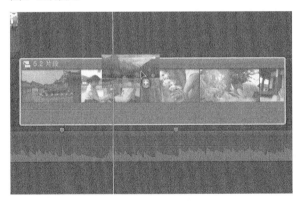

图5-52

STEP 08 使用与上一步操作相同的方法，将"效果"窗口中"风格化"分类中的"电影颗粒""超级8毫米"滤镜效果添加到复合片段上。

STEP 09 播放这个添加了三重滤镜的复合片段（如果计算机出现卡顿问题，可按快捷键【Command+R】进行片段渲染）。

通过播放片段，能够察觉到视频片段中的离散光点有些多，可在检查器中对这些参数进行调整。

打开检查器窗口，在"散景随机"效果参数中，将

"Size""Number"分别减少一半，输入数字25，如图5-53所示。

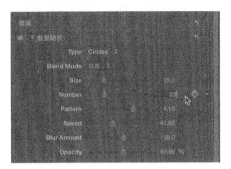

图5-53

STEP 10 单击时间线中新建的复合片段，然后按快捷键【Control+V】，将时间线中的复合片段视频动画展开，可以看到刚添加的3个滤镜效果，如图5-54所示。

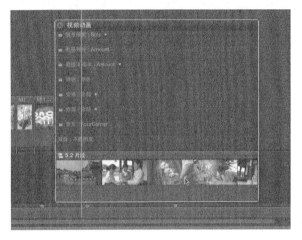

图5-54

STEP 11 在复合片段中找到第一个镜头快结束的位置，要从这个位置开始添加滤镜效果，在时间线20:20的位置。

可以利用上一章中介绍的时间检索功能，双击时码窗口中的时码，然后输入数字"2020"，按键盘上的【Return】键，如图5-55所示。

图5-55

STEP 12 单击复合片段展开的视频动画"散景随机"右侧的下拉按钮，在下拉菜单中可以选择该滤镜的多个可调参数，然后添加关键帧，通过改变相关参数制作关键

帧动画，如图5-56所示。这里选择"全部"选项。

图5-56

STEP 13 保持时间线中的播放头处在20:20的位置上，按住功能辅助键【Option】，会发现鼠标指针变成"位移"工具标志，标志右边还增加了一个菱形，如图5-57所示。

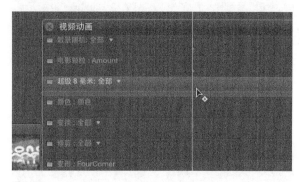

图5-57

将3个滤镜都在此处打上关键帧。

仍然保持播放头位置不变，在检查器中可以发现所有可调节关键帧都变成高亮状态，如图5-58所示。

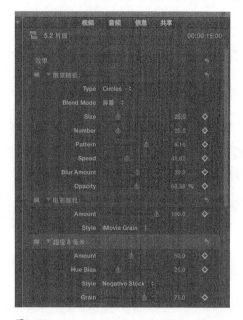

图5-58

在该片段的下一个位置处，可以通过输入不同的效果参数，获得相应的关键帧动画。

请不要忘记，刚开始的思路是要建立一个过渡进入与过渡淡出的滤镜效果。由于该复合片段中需要调整的参数过多，而且有些滤镜并不能通过调整参数而完全消除效果，所以需要寻找新的方法实现想要的效果。

STEP 14 利用之前学过的知识，按住功能辅助键【Option】，选中新建的复合片段，然后按住鼠标左键将复合片段向上拖曳，会发现鼠标指针上增加加号标记，释放鼠标左键，如图5-59所示。

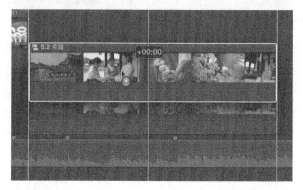

图5-59

STEP 15 再次选中复合片段，按快捷键【Shift+F】，将复合片段在事件浏览器中定位，按连接编辑快捷键【Q】，将新放置的片段放置到新复制片段的下方，如图5-60所示。

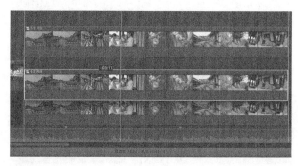

图5-60

STEP 16 按快捷键【Control+V】，展开最上方带特效的复合片段视频动画，展开"不透明度"选项，然后在20:20处顺着女主人公手上的动势建立两个不透明渐变，如图5-61所示。

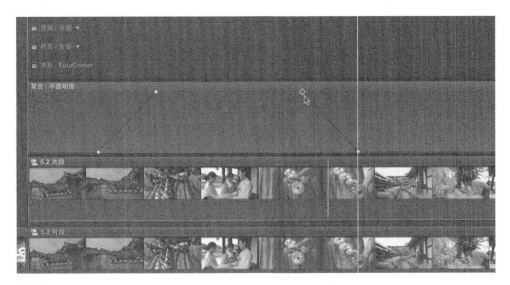

图5-61

播放这个片段，会发现已经得到了最初想要的结果。

删除或隐藏时间线中复合片段的最下面一层，这样可以减轻软件的运算量。

5.3 滤镜的使用

前面已经对滤镜效果有了一些初步的认识，接下来用一个实例来更深入地了解其他滤镜效果。

FCPX提供了大量的滤镜效果，而这些滤镜效果经过一定的组合使用，可以产生丰富的视觉效果。其中有些效果在过去只有专业的合成软件才能实现，现在可以轻而易举地在FCPX这个平台上完成。

在具体操作前，先在"第五章"资源库里新建事件"5.3"（快捷键为【Option+N】），全选事件"5.2"中的视频片段，按住【Option】键将事件"5.2"中的片段拖到事件"5.3"中，以复制片段。用同样的方法将事件"5.2"中的工程文件"5.2"复制到事件"5.3"中，并将事件"5.3"中的工程文件重命名为"5.3"。

▶ 实例——利用遮罩制作移轴镜头

STEP 01 选中时间线中的首个片段"PA0A1107"。

从开头位置播放这个片段。在这个片段上，为了增加画面动感，已经增加了一个放大的效果，给人一种推镜头的感觉，如图5-62所示。

图5-62

现在为画面增加一点新的效果。将画面的上下两部分做一些虚焦处理，使镜头中的女主人公更加突出，产生一定的移轴镜头效果。

STEP 02 按住功能辅助键【Option】，选中片段"PA0A1107"，按住鼠标左键向上拖曳片段，能够快速复制该片段，如图5-63所示。

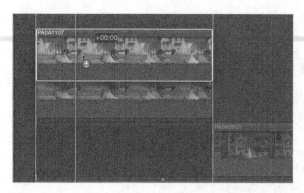

图5-63

再次复制片段，如图5-64所示。

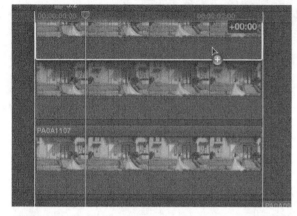

图5-64

STEP 03 此时，可以看到开头处有3个片段连接到主故事情节上，时间线有点杂乱无章。

选中最下面一层的片段，然后按快捷键【Command+Option+↓】，此时，最下面一层片段会覆盖相应开始点与结束点的时间线位置，如图5-65所示。

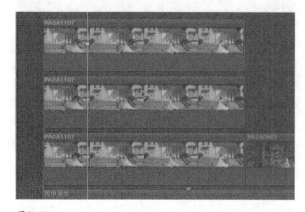

图5-65

STEP 04 在"效果"窗口中选择"抠像"分类，然后将"渐变遮罩"滤镜拖曳到时间线开头片段的最上层，如

图5-66所示。

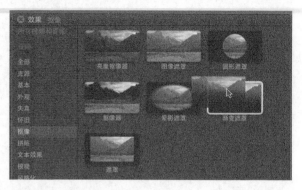

图5-66

鼠标指针移动至最上层片段上时会显示加号，而且最上层片段也会呈白色半透明状态，此时释放鼠标左键，"渐变遮罩"滤镜也就被赋予到最上层的片段上了，如图5-67所示。

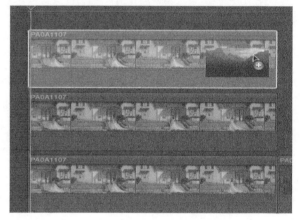

图5-67

STEP 05 使用鼠标拖曳播放头单独预览上层片段，如图5-68所示。

图5-68

在检视器中，会发现片段下部出现一个过渡性黑色区域，如图5-69所示。

图5-69

使用播放头预览片段时，检视器中的画面却是完整的，如图5-70所示。

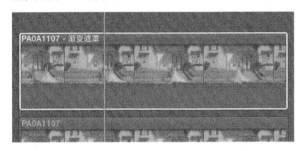

图5-70

这是因为虽然在最上层建立了一个遮罩，单独看这一层会有一个渐变的黑色遮罩区域，这个黑色区域是透明的，是允许下层画面透过的，所以当下面有相同视频内容时，用播放头预览片段时会显示完整画面。

STEP 06 为了方便观察遮罩效果，按住鼠标左键框选开头片段的下层两个片段，如图5-71所示，然后按快捷键【V】将这两个片段隐藏。

选中最上层视频，然后在检查器中的"效果"栏中选中"渐变遮罩"效果，如图5-72所示。

STEP 07 在检视器窗口中，可以看到多了两个白圈，拖曳这两个调节点，只保留画面上方房子的区域，如图5-73所示。

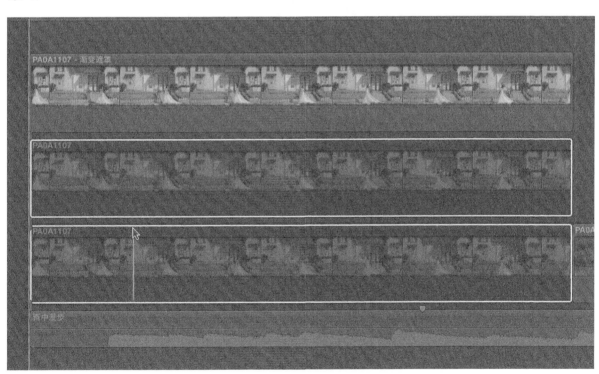

图5-71

图5-72

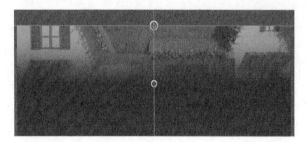

图5-73

STEP 08 选中中间层片段，然后按快捷键【V】重启这个片段。将"效果"窗口中的"渐变遮罩"效果赋予中间层片段。

按住鼠标左键拖曳检视器中"渐变遮罩"滤镜下面的白圈，将其放置到另外一个白圈上方，如图5-74所示。

图5-74

此时，会发现遮罩被180°旋转了，再次拖曳两个白圈，将遮罩压缩到画面下部仅剩白色栅栏的位置，如图5-75所示。

STEP 09 选中最下层视频片段，按快捷键【V】重启。此时，检视器中的画面如图5-76所示。

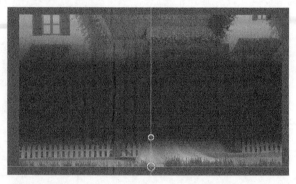

图5-75

图5-76

由于最下层视频是完整的，所以其自动补齐了上两层遮罩留下的中间部分的透明区域。

STEP 10 用鼠标框选上两层带有遮罩的视频片段，如图5-77所示。

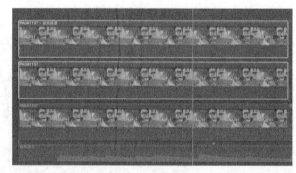

图5-77

在"效果"窗口中，双击"模糊"分类中的"高斯曲线"滤镜，将"高斯曲线"特效添加到框选的上层两个片段上，如图5-78所示。

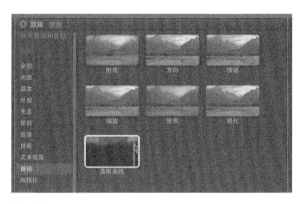

图5-78

STEP 11 将播放头放置到开头位置，播放这个片段，在检视器窗口中可看到上下模糊、类似于移轴镜头的画面，如图5-79所示。

图5-79

▶ **实例——利用滤镜制作变焦镜头**

选择时间线中的片段"MI1A8119"，之前已经为这个虚焦镜头做了变速处理，这里再为这个片段增加一个虚拟变焦的效果，以提升画面的质感。

STEP 01 在时间线中选择片段"MI1A8119"，按快捷键【Command+R】，将该片段的速度条展开。

在展开的片段速度条上可以看到之前做的变速处理，保持片段处于选中状态，在剪切的速度点上按快捷键【M】，在片段上作标记，如图5-80所示。

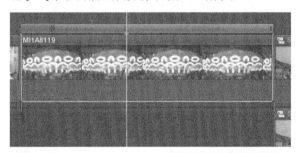

图5-80

STEP 02 在"效果"窗口中，将"模糊"分类中的"聚焦"效果拖曳到片段"MI1A8119"上，如图5-81所示。

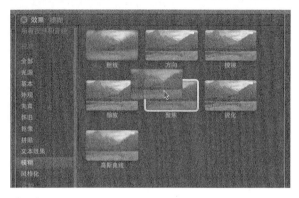

图5-81

此时，会发现检视器中多了一个白圈，白圈周围有一个人为虚拟的聚焦效果，如图5-82所示。

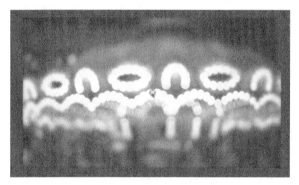

图5-82

STEP 03 在检查器中，通过调整"效果"栏中的"聚焦"效果相关参数，使整个画面完全模糊，如图5-83所示。

图5-83

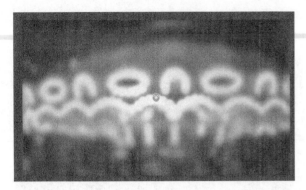

图5-83（续）

STEP 04 在时间线中选中片段"MI1A8119"，按快捷键【Control+V】展开片段的视频动画。单击"聚焦"效果的下拉按钮，弹出下拉菜单，选择"全部"选项，如图5-84所示。

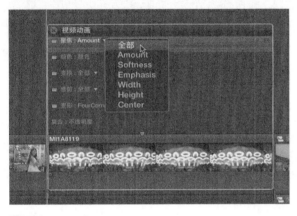

图5-84

STEP 05 按住键盘上的辅助功能键【Option】，待鼠标指针变成添加关键帧状态 时，在"聚焦"效果的开头位置单击，如图5-85所示。

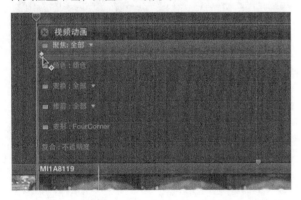

图5-85

此时，检查器窗口中的所有关键帧点全部变亮，处于选中状态，如图5-86所示。

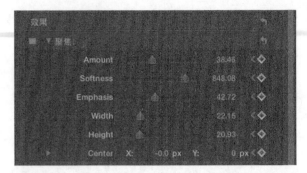

图5-86

STEP 06 将播放头放置到片段标记点的位置。此时就能体现出标记点的作用，标记点会变成剪辑所在的点。

调整"效果"栏中相关的参数，直至整个画面清晰起来。此时会发现调整过参数后的关键帧点再次变亮，如图5-87所示。

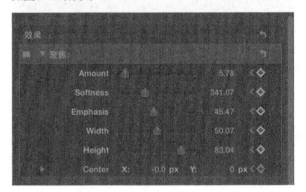

图5-87

与此同时，在时间线中被选中片段的标记点位置，"聚焦"效果也会自动添加一个标记点，如图5-88所示。

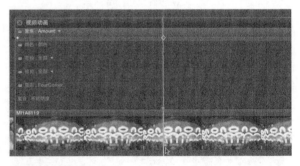

图5-88

STEP 07 再次选中这个片段，按快捷键【`】反复播放这个片段，查看制作的变焦效果。如果变焦的幅度还不够，可以选中第一个关键帧，并将播放头移动到这个位置，通过调整参数使画面更模糊一些，从而加大变焦的幅度，如图5-89所示。

图5-89

STEP 08 观察整个画面,可能会感觉到画面的锐度还不够。选中"效果"窗口"模糊"分类中的"锐化"效果,然后拖曳到片段"MI1A8119"上,如图5-90所示。

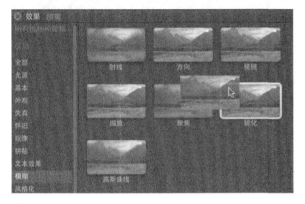

图5-90

5.4 添加视频转场

视频转场是用在两个片段之间的视频效果,它可以使两个片段更好地过渡,有时候也会为小段落提高节奏。在一些特定的段落里,转场也带有其特定意思,例如,在正常片段与回忆片段的连接处,经常使用闪白转场特效,表示后面的片段属于回忆镜头;在抒情的镜头组里,会使用长时间的叠化,使观众沉浸在悠长的回味中;在表示很长一段时间的变化时,也会使用长时间的交叉叠化,表示时间的递进。

接下来介绍如何为视频片段添加转场。

在具体操作前,先在"第五章"资源库里新建事件"5.4"(快捷键为【Option+N】),全选事件"5.3"中的视频片段,按住【Option】键将事件"5.3"中的片段拖到新建事件"5.4"中进行复制。用同样的方法将事件"5.3"中的工程文件"5.3"复制到事件"5.4"中,并将事件"5.4"中的工程文件重命名为"5.4"。

STEP 09 将播放头移动到"聚焦"效果的第2个关键帧后,这样检视器中显示的是清晰的画面,然后在检查器中调整锐化参数至满意效果。

增加画面的锐化效果,也是为了更好地突出变焦效果,如图5-91所示。

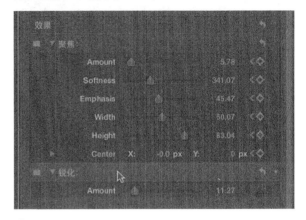

图5-91

再次播放这个片段,得到了比较合适的变焦效果。

▶ **实例——在主故事情节上添加视频转场**
STEP 01 在时间线中选中片段"PA0A1049",如图5-92所示。

现在想要在片段"PA0A1049"与前一片段之间添加一个转场效果。

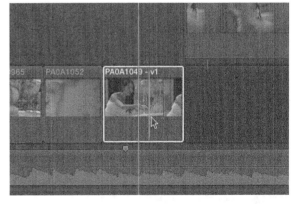

图5-92

STEP 02 在"效果"窗口单击"转场特效"按钮![img]，此时会看到软件提供的109项自带转场特效。与此同时，还可以通过安装第三方插件获得更多的转场特效，如图5-93所示。

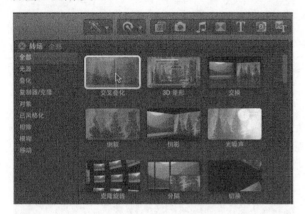

图5-93

STEP 03 将鼠标指针移至"交叉叠化"转场特效上，然后慢慢滑动，可以看到检视器中有两个画面慢慢地交叉叠化，也可以将鼠标指针移至其他效果上观察效果，便于选择转场效果，如图5-94所示。

图5-94

STEP 04 保持时间线中的片段"PA0A1049"处于选中状态，然后双击"效果"窗口中的"交叉叠化"转场特效。

此时，时间线中的片段"PA0A1049"两端便会建立起两个"交叉叠化"转场特效，如图5-95所示。

图5-95

可以在时间线中选中其他单个或多个片段，再在"效果"窗口中预览选择想要的转场特效，然后双击这个转场特效，就会在选中的片段上应用转场特效了。

STEP 05 在时间线中，对于刚刚建立的转场特效，如果并不想要片段结束点后的转场效果，可以在时间线中选中该转场特效，如图5-96所示，然后按【Delete】键，即可快速删除该转场特效。

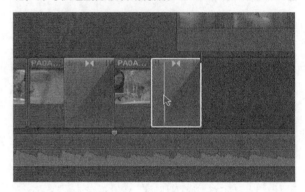

图5-96

STEP 06 将时间线中片段"PA0A1049"的前段特效也用上面的方法删除，尝试用其他方法为主故事情节中的片段添加转场。

选中转场效果中的"交叉叠化"效果，按住鼠标左键不放向外拖曳，如图5-97所示。

将效果拖曳至时间线中片段"PA0A1049"的开始点，释放鼠标左键，那么片段的开始点与上一个片段的结束点就会建立起一个"交叉叠化"转场特效，如图5-98所示。

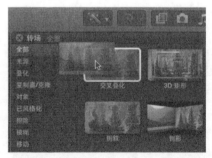

图5-97

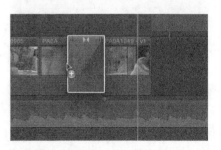

图5-98

在主故事情节中，这种拖曳添加转场的方式一次仅能添加片段一端的转场效果。接下来介绍一下快速替换转场特效的方法。

STEP 07 在"效果"窗口中选中"倒叙"转场效果，然后按住鼠标左键将此效果向时间线拖曳，如图5-99所示。

图5-99

将其拖曳至时间线中片段"PA0A1049"的开始点处已有的"交叉叠化"转场效果上，此时，原有的转场特效将会变成高亮的半透明状，释放鼠标左键，"交叉叠化"效果就被替换为"倒叙"转场效果，如图5-100所示。

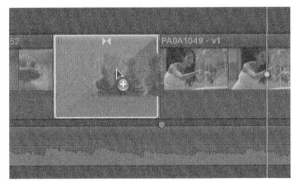

图5-100

▶ **实例——在次级故事情节或连接片段上添加视频转场**

FCPX是一款没有轨道概念的软件。在上个实例中介绍了如何在主故事情节上添加视频转场效果。本例来看看如何在主故事情节以外的地方添加视频转场。

STEP 01 在时间线中选中片段"MI1A8113"，可以发现该片段附属于主故事情节的一个空隙视频，如图5-101所示。下面就以这个片段为例介绍如何添加转场效果。

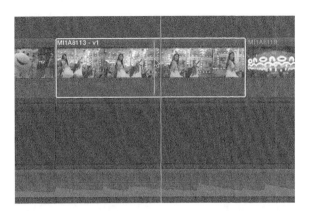

图5-101

STEP 02 保持该片段处于选中状态，然后双击"效果"窗口中的"交叉叠化"效果，如图5-102所示。

图5-102

此时会发现，片段"MI1A8113"的前后端会与前后片段建立起两个"交叉叠化"转场特效，与此同时，以该片段为中心的前后两个转场特效会自动建立一个次级故事情节，如图5-103所示。

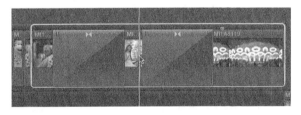

图5-103

STEP 03 按快捷键【Command+Z】撤销上一步的操作。单击"效果"窗口中的"交叉叠化"转场效果，按住鼠标左键向时间线中拖曳该转场特效，如图5-104所示。

图5-104

会发现，当片段处在单独连接状态时，无法像在主故事情节中那样只给片段一端添加转场特效，而只能将此转场特效放置到片段上，释放鼠标左键，会得到与双击"效果"窗口中的转场特效相同的转场效果，如图5-105所示。

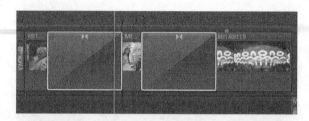

图5-105

图5-106

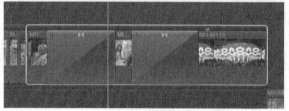

STEP 04 按快捷键【Command】，将时间线中片段"MI1A8113"前后的两个转场特效同时选中，然后按【Delete】键将两个转场特效删除，便得到了一个次级故事情节片段，如图5-106所示。

STEP 05 再次将"效果"窗口中的转场效果向时间线中的片段"MI1A8113"拖曳，会发现在次级故事情节中添加转场效果与主故事情节中的操作是相同的，如图5-107所示。

图5-107

5.5 使用视频转场

前面已经学会了如何向时间线中的片段添加转场效果。在这里需要提醒一下，在剪辑工作中，添加的转场效果并不一定越多越好，需要确保每一个转场效果有意义，有很多时候应该尽量避免大量使用转场效果。

本节将介绍如何使用转场效果，怎样合理地调整转场效果。

▶ **实例——合理调整转场效果**

在具体操作前，先在"第五章"资源库里新建事件"5.5"（快捷键【Option+N】），全选事件"5.4"中的视频片段，按住【Option】键将事件"5.4"中的片段拖到新建事件"5.5"中进行复制。用同样的方法将事件"5.4"中的工程文件"5.4"复制到事件"5.5"，并将事件"5.5"中的工程文件重命名为"5.5"。

STEP 01 双击打开事件"5.5"中的项目"5.5"，并将时间线中在上一节添加的转场效果全部删除。

STEP 02 双击时码窗口，然后使用数字键盘输入数字"1820"，按键盘上的【Return】键。

此时，播放头后是片段"MI1A8503"被中间剪开的两个片段，并将后半部分片段做了慢速处理。分别取该片段的前半部分与后半部分，然后组成了一个跳接的小片段，想在这两个跳接片段中间加入一个转场效果，以使得跳接片段更具视觉冲击力，如图5-108所示。

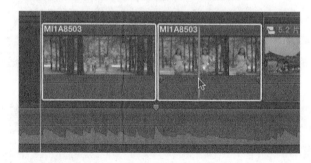

图5-108

STEP 03 经过对转场效果的预览，最终选择了"效果"窗口中"光源"分类中的"光噪声"效果，作为这两个跳剪片段的转场效果。

选中"效果"窗口中的"光噪声"转场，按住鼠标左键将此转场特效拖曳到时间线的两个跳接片段之间，如图5-109所示。

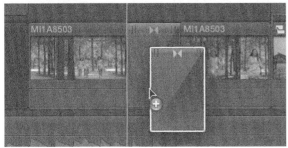

图5-109

STEP 04 为了更直观地展示下面的这个功能，使用鼠标将主故事情节中的两个跳接片段与中间的转场效果同时框选，然后按快捷键【Command+Option+↑】，将其从主故事情节中提起，软件会自动将这两个片段连同转场效果一起建立一个次级故事情节，如图5-110所示。

图5-110

STEP 05 将鼠标指针移动至转场效果的左上角，会发现鼠标指针变成了卷动编辑的状态，按住鼠标左键向右拖曳，右边片段的开始点会自动向后卷动，与此同时，右边片段的时长也在减少，如图5-111所示。

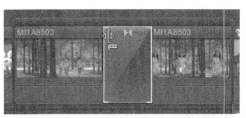

图5-111

与此相同，将鼠标指针移至转场效果的右上角，按住鼠标左键向左拖曳，左边视频片段的结束点向左卷动，左边片段的时长也在减少，如图5-112所示。

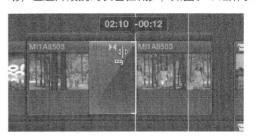

图5-112

STEP 06 按快捷键【Command+Z】撤销上一步的操作。

将鼠标指针移至转场效果的左下部，此时，鼠标指针没有了下方的胶卷形状，按住鼠标左键向左拖曳鼠标，前后两个片段长度都没有改变，相应的转场效果被加长，如图5-113所示。

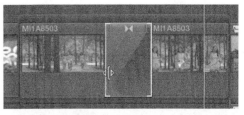

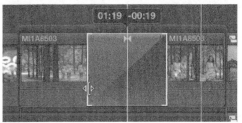

图5-113

STEP 07 按快捷键【Command+Z】撤销上一步的操作。

选中转场效果，然后将鼠标指针移至转场效果的中间位置，此时，鼠标指针变成了滑动编辑的状态，按住鼠标左键向左拖曳，片段整体的时长没有改变，转场效果的长度也没有改变，但是，转场效果的位置改变，如图5-114所示。

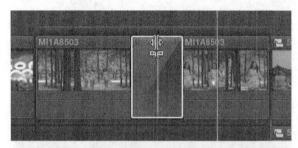

图5-114

STEP 08 按快捷键【Command+Z】撤销上一步的操作。选中该次级故事情节，按快捷键【Command+Option+↓】，将片段覆盖到主故事情节上，如图5-115所示。

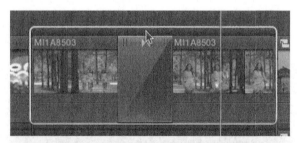

图5-115

STEP 09 在主故事情节中选中该视频转场效果，然后单击"片段"→"显示精确度编辑器"命令，或按快捷键【Control+E】，如图5-116所示。

图5-116

或是按住键盘上的【Control】键，然后单击鼠标右键，在弹出的快捷菜单中选择"显示精确度编辑器"命令，如图5-117所示。

图5-117

STEP 10 此时，在时间线中片段的精确度编辑器被打开，可以很清楚地看到前后两个片段的长度，以及转场效果所占用前后片段的长度。

将鼠标指针移动至上层片段转场位置的右侧，会发现鼠标指针变成了卷动编辑的状态。按住鼠标左键向右拖曳，上层片段的结束点会自动先后延长，同时上层片段的时长也加长，如图5-118所示。

图5-118

将鼠标指针放置到编辑器的中间转场效果处，按住鼠标左键向右拖曳，可以很清楚地看到整个片段的长度没有发生改变，但转场效果的长度增加，如图5-119所示。

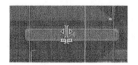
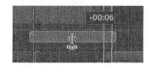

图5-120

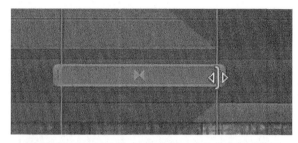

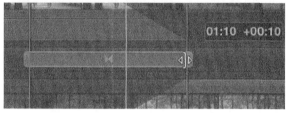

图5-119

将鼠标指针移动到转场效果的中间部位，会发现鼠标指针变成了滑动编辑的状态，按住鼠标左键向右拖曳，会发现整个片段的时间长度没有发生改变，而且转场效果的长度也没有发生改变，只是转场效果的位置发生了改变，如图5-120所示。

按【Esc】键，或单击时间线右下角的"关闭精确度编辑器"按钮，将精确度编辑器关闭。

STEP 11 以上练习了转场效果各种位置的调整，下面再次选中时间线中的转场特效，打开检查器窗口，如果转场片段中包含音频效果，可以通过选择"音频交叉渐变"栏中的"淡入类型""淡出类型"选项来调整音频的交叉方式，有些转场的视频效果也可以在这个地方进行相应参数的调整，如图5-121所示。

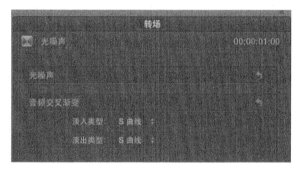

图5-121

第 **6** 章　融会贯通——抠像与合成

　　如果说滤镜是一个镜头内部的事情，那么，合成就是几个镜头合在一起的事情。

　　Final Cut Pro X不仅拥有强大的剪辑功能，还可以直接在软件里创建复杂的、多层动画合成画面。本章将介绍几个视频元素有效地结合在一起，合成一个新的片段时所呈现的效果。

　　本章重点介绍软件的多种抠像功能，以及将得到的抠像结果通过不同的方式合成在一起，组成一个更为绚丽的新片段。

　　在具体操作前，先建立一个名为"第六章"的资源库，将资源库"第五章"中的事件"5.5"复制到资源库"第六章"中，并重命名为"6.1"，将事件"6.1"中的工程文件也重命名为"6.1"。删除新建资源库中默认建立的其他事件（每个资源库中至少需要一个事件）。

6.1　抠像

　　现在越来越多的影视作品，开始大量使用蓝布或绿布进行布景拍摄，在后期中将大块色布进行色彩抠除，并将其他内容合成到空出的部分。

　　这种抠图方式经常应用在车辆行驶中的场景以及大型场面的合成、虚拟演播室等，此举极大地节省了前期拍摄的费用，而且经过后期处理也会得到不错的视听效果。

　　使用过Adobe Photoshop的用户应该接触过图片的抠图，为了抠取效果更加精致，往往采用套索工具将整个图形的边画出来，然后整体删除没用的区域，再做细微处的擦除修正。

　　而在视频中不可能像图片一样做这种细微的抠图处理，因为视频是由很多运动的单帧画面组成的片段，不可能将视频输出单帧来进行逐帧的抠取，所以工作中经常会用色彩、亮度、遮罩等来进行图像的抠图处理。接下来就开始介绍FCPX带来的强大抠图工具。

6.1.1　色彩抠像

　　色彩抠像，顾名思义就是将画面中相同色彩的区域抠除。

▶ **实例——色彩抠像练习**

`STEP 01`　本例为大家准备了一个色彩抠像的素材。

　　首先，为抠像素材建立一个关键词精选，然后将其导入。在事件浏览器中，右击事件"6.1"，在弹出的快捷菜单中选择"新建关键词精选"命令，或选中事件"6.1"后按快捷键【Command+Shift+K】，如图6-1所示。

　　在弹出的"新建关键词精选"对话框中，输入关键词精选名称"抠图文件"，按【Return】键确定，再利用之前学过的知识，将文件导入关键词精选中，如图6-2所示。

图6-1

图6-2

提示： 前期拍摄注意事项。

　　在抠像过程中，如果前期拍摄出现问题，后期补救措施再厉害，也无法做出完美的补救效果。因此，在这里对前期拍摄给出一些建议，以及一些必要的注意事项。

① 理论上选择任何一种色彩作为背景色都可以，但在抠像素材中，大多是绿色背景。RGB（红、绿、蓝）为三原色，这3种颜色混合会产生千万种的色彩，这几乎涵盖了人类视力所能感知的所有色彩。摄像机在记录色彩时，也是利用这个原理将三原色混合而得来，如图6-3所示。

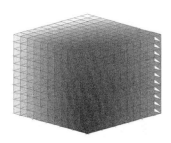

图6-3

摄像机在处理两个或3个混合起来的色度，要比单纯地处理一个色度难度要大一些，而又因为人的肤色中有红色的成分，外国人的眼睛中有蓝色的成分，所以拍摄中的背景以绿色居多。

在拍摄时，拍摄主体的色彩应避免与背景有重合及相近的地方。

② 背景幕布不要使用会出现高反光的材质，因为这样摄像机会拍摄过曝而无法记录高光区域的色彩。

③ 背景幕布光线要打均匀，不要出现暗区阴影。

④ 拍摄主人公尽量不要出现过多的发丝，因为这样会给后期抠像带来很大的难度。

⑤ 使用大光圈拍摄，尽量将主体与背景脱离开，让主体的边缘明显，以方便后期处理。

STEP 02 将事件浏览器中的片段"抠图"有用的部分建立一个选区，如图6-4所示。

图6-4

单击"编辑"→"连接到主要故事情节"命令，或按快捷键【Q】，如图6-5所示。

图6-5

STEP 03 为了能够观察到抠图后的效果，在视频下层加上一层纯白色的视频片段。

将播放头移动到"抠图"片段的开头位置，如图6-6所示，单击"编辑"→"连接到主要故事情节"命令，或按快捷键【Q】。

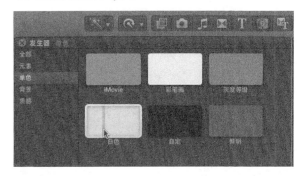

图6-6

按住功能辅助键【Shift】，选中时间线中的片段"白色"，按住鼠标左键将白色片段放置到"抠图"片段下方，软件会自动将两个片段的开头对齐，当白色片段到达下层后释放鼠标左键，如图6-7所示。

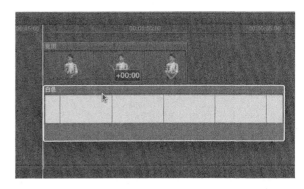

图6-7

提示： 如果有条件，可以在抠图前先将片段色彩调整一下。将后面背景墙的饱和度提高，将画面的对比度提高，以增加软件对于背景色的识别度。

STEP 04 选中时间线中的"抠图"片段，在"效果"窗口中选择"抠像器"效果，如图6-8所示，可以通过双击或拖曳将其赋予片段"抠图"。

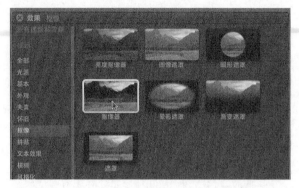

图6-8

STEP 05 "抠像器"效果会自动检测片段中的大面积单一色块，然后自动将检测到的单色抠除。

播放这个片段，对比修改前后视频效果，可见软件很好地清除了画面中的大部分背景色块，如图6-9所示。

图6-9

STEP 06 选中"抠图"片段，然后单击检视器窗口，按快捷键【Command+=】，将画面放大到足够大。

当画面放大到超出检视器画框的位置时，检视器窗口中会自动出现一个小窗口，灰色大区域代表整个画面的大小，红色小框区域代表当前检视器中所显示的画面，如图6-10所示。

图6-10

将鼠标指针移至小窗口处，待鼠标指针自动转换成抓手工具时，按住鼠标左键拖曳小窗口中的红色矩形，软件会显示画面的不同部位。

在移动鼠标指针时，发现画面中主人公的肩部等部位的边缘抠除得不是特别干净，如图6-11所示。

图6-11

STEP 07 保持片段处于选中状态，在检查器中展开"抠像器"选项，然后单击"精炼抠像"选项下的"边缘"选项，此时，"边缘"选项会自动加亮显示，如图6-12所示。

图6-12

将鼠标指针移至检视器窗口中，鼠标指针会变成一个加号后面带一根斜线的状态，单击鼠标左键，如图6-13所示。

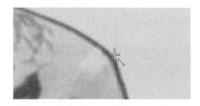

图6-13

或按住键盘功能辅助键【Command】，然后在画面边缘处单击。

STEP 08 此时，画面中多了一个两点中间加横杠的控制柄，如图6-14所示。

图6-14

可以拖曳两个点及横杠，当第一个点距离主人公边缘太近时，画面中有些位置会有缺失，说明擦除的范围过大，如图6-15所示。

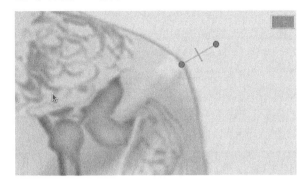

图6-15

STEP 09 调整检视器中边缘的位置，同时不断放大或缩小检视器中画面的显示范围，避免画面其他地方有缺损的现象，如图6-16所示。

图6-16

STEP 10 调节"抠像器"效果的"强度"选项，如图6-17所示。

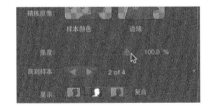

图6-17

可以很清晰地看到增大"强度"后，画面的边缘变得更加细致，如图6-18所示。

STEP 11 为了追求抠图的准确性，可以在片段的不同位置追加"精炼抠像"的"边缘"调整。在调整完片段"边缘"后，可以通过"抠像器"中的"跳到样本"选项处的左右箭头切换之前所设置的样本处，进行二次调整，如图6-19所示。

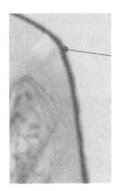

图6-18

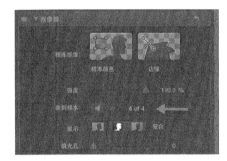

图6-19

STEP 12 单击检查器窗口中"显示"选项中间的"遮罩"按钮，如图6-20所示。

图6-20

此时，观察检视器中的画面，检视器中只有黑、白两种颜色，白色区域表示有画面，黑色区域表示透明无画面，如图6-21所示。

图6-21

在遮罩显示状态下播放这一段视频画面，查看画面中有没有其他区域未抠除干净，有抠除不干净的地方就会一目了然。

STEP 13 选中"抠像器"效果中的"反转"选项，保持"遮罩"显示状态，如图6-22所示。

图6-22

此时，可以看到检视器中主人公画面变成黑色透明区域，其他地方变成了白色不透明区域，如图6-23所示。

图6-23

在很多影片中会看到，一个人物形状的区域不断变动，而区域显示的却是其他内容，这就是利用反转效果，将人物行动区域建立起一个透明的通道。

STEP 14 取消"反转"选项，将"显示"选项切换为"复合"，回归原来的抠像效果。

"抠像器"还有更为强大的细节调整功能，可以将参数展开，然后尝试不同的参数调整，以得到更好的效果，如图6-24所示。

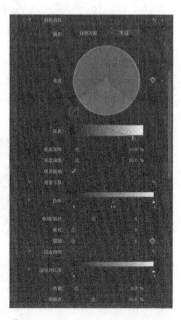

图6-24

▶ **实例——添加遮罩**

在很多时候，绿屏拍摄时为了使灯光打匀，画布的边缘处可能有灯管，这种情况可以通过遮罩直接将其删除。下面就为大家讲解一下这种情况的处理。

STEP 01 人为地为画面制造一个"穿帮"。

单击"效果"窗口中的"发生器"→"质感"→"次品"效果，选择一个与时间线上的片段"抠图"同样长度的片段放在上层，再利用之前介绍的画面"变换"功能，将"次品"片段放置到画布的左上方，如图6-25所示。

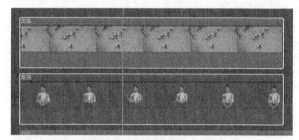

图6-25

按住鼠标左键框选时间线中的"次品"和"抠图"两个片段，按快捷键【Option+G】，便在时间线中新建了一个复合片段，如图6-26所示。

图6-26

STEP 02 在"效果"窗口中选择"抠像"分类中的"遮罩"效果，然后双击或拖曳到时间线中新建的复合片段上，如图6-27所示。

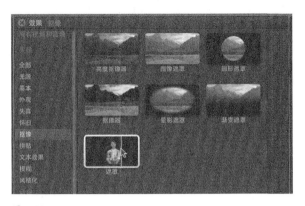

图6-27

STEP 03 此时，检视器中新增了4个点，如图6-28所示。

图6-28

按住鼠标左键，尽量将4个点向左上角的"穿帮"处靠近，此时，画面中的其他区域都会变成白色，如图6-29所示。

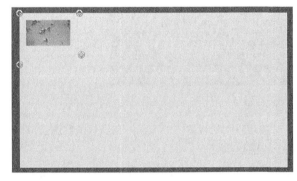

图6-29

STEP 04 回到检查器中，在"效果"栏的"遮罩"选项中，选中"Invert Mask"（反转遮罩）选项，如图6-30所示。

图6-30

这时检视器左上角的画面被遮盖了，如图6-31所示。

图6-31

6.1.2　亮度抠像

亮度抠像，就是将画面中相同亮度的区域擦除干净。

▶ **实例——亮度抠像练习**

STEP 01 本例为大家准备了一段适合亮度抠像的画面。将外部视频"红旗"拖曳到事件浏览器中的资源库"第六章"的事件"6.1"中的精选词"抠图文件"中，如图6-32所示。

图6-32

此时事件中多了一个名为"红旗"的片段。播放这段视频，视频中的内容为一面红旗在黑色背景里飘动，如图6-33所示，这里需要将黑色背景抠除。

图6-33

与此同时，红旗上也有许多黑色阴影区，这是抠取红旗时遇到的难点，下面一起来解决这些问题。

STEP 02 选中事件浏览器中的"红旗"片段，将时间线中的播放头移至"抠图"片段的结束点，按连接编辑快捷键【Q】，"红旗"片段被连接到"抠图"片段后。选中下方白色片段的结束点，按住鼠标左键向右拖曳，将其结束点与"红旗"片段的结束点对齐，如图6-34所示。

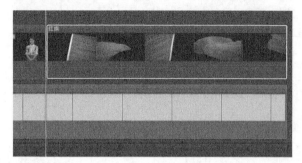

图6-34

STEP 03 保持时间线中的"红旗"片段处于选中状态，在"效果"窗口中双击"抠像"分类中的"亮度抠像器"效果，或直接将该效果拖曳到"红旗"片段上，如图6-35所示。

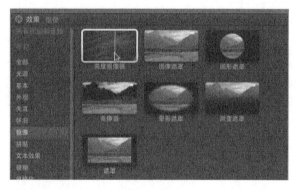

图6-35

STEP 04 在时间线中选中"红旗"片段，按快捷键【`】，反复播放这个片段。在检视器中可以看到红旗中有很多地方也被清除了，这显然不是想要得到的效果，如图6-36所示。

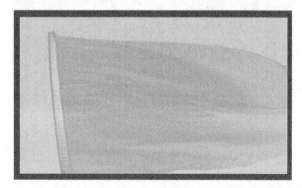

图6-36

STEP 05 在检查器中将"显示"选项切换到"遮罩"状态，如图6-37所示。

图6-37

可以看到检视器中的红旗不像抠除人物时有一个纯白的轮廓，如图6-38所示。

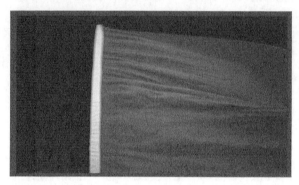

图6-38

STEP 06 在检查器中"亮度抠像器"的"亮度"选项中，按住鼠标左键将色带上方的倒三角形向左移动，增大黑色区域的取值范围，如图6-39所示。

图6-39

注意观察检视器中的画面，直至整面红旗变成全白，如图6-40所示。

图6-40

STEP 07 将检查器中的"亮度抠像器"效果的"显示"选项切换为"复合"状态，如图6-41所示。

图6-41

选中时间线中的片段"红旗"，然后按快捷键【`】，反复播放这个片段，发现片段的后半部分，红旗还有一点被侵蚀的瑕疵，如图6-42所示。

图6-42

STEP 08 在检查器中，按住鼠标左键向右拖曳"亮度滚降"滑块，如图6-43所示。直至画面中，红色被侵蚀的部位全部填满，如图6-44所示。

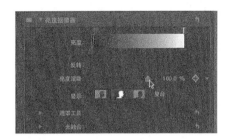

图6-43

图6-44

STEP 09 再次播放这个片段，感觉红旗的边缘还是不够完美，再次回到检查器，展开"遮罩工具"选项，然后调整"柔化""侵蚀"两个选项，这样可以得到一个更加完整的红旗抠像，如图6-45所示。

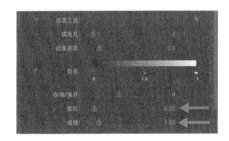

图6-45

6.2 合成

6.2.1 简单合成

接下来就利用上一节所得到的两个抠像素材，进行简单的合成演示。

合成的方式有很多，万变不离其宗，归根结底合成就是几种画面或元素的有序结合。在具体操作前，先在"第六章"资源库中新建事件"6.2"（快捷键为【Option+N】），全选事件"6.1"中的视频片段，按住【Option】键将事件"6.1"中的片段复制新建事件"6.2"中。用同样的方法将事件"6.1"中的工程文件"6.1"复制到事件"6.2"，并将事件"6.2"中的工程文件重命名为"6.2"。

▶ 实例——合成演示

STEP 01 为了降低软件运算压力，同时温习之前所学知识，先选中时间线中的复合片段"6.1"，如图6-46所示。

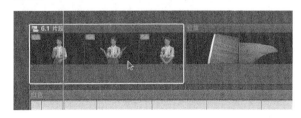

图6-46

单击"片段"→"将片段项分开"命令，或按快捷键【Shift+Command+G】，如图6-47所示。

图6-47

此时，原来的复合片段就会被分解开，删除上层"次品"片段。如果继续选中"抠图"片段，按快捷键【Shift+Command+G】，该片段的视频与音频也将被分开，如图6-48所示。

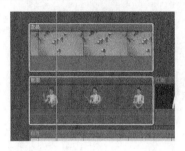

图6-48

STEP 02 选中"红旗"片段，按快捷键【`】播放这个片段，发现检视器中红旗的画面没有完全充满屏幕。选择图6-49所示的"变换"选项。

此时，画布的四周会出现一个变换控制框，如图6-50所示。

图6-49　　　　图6-50

按住鼠标左键拖曳其中任意一角，直至画面充满屏幕，如图6-51所示，然后单击检视器右上角的"完成"按钮，此时，变换控制框就会消失。

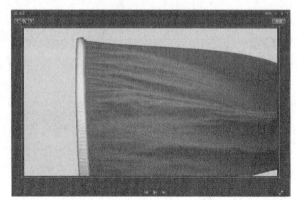

图6-51

提示： 在变换控制框中，拖曳4个拐角点，画面的宽高比不会发生变化；如果拖曳4个边框上的点，会改变画面的宽或高。

STEP 03 在时间线中将红旗画面放置到女主持人画面的下方，如图6-52所示。

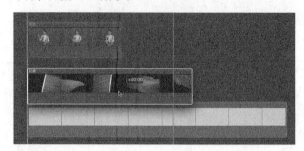

图6-52

选中"红旗"片段，按快捷键【`】播放这个片段。此时，片段"抠图"的背景变成了飘扬的红旗。

这才是合成的第一步，接下来继续完善它。当红旗从右向左进入画面时，红旗处在女主人公的身后，当红旗从左向右出画面时，红旗处在女主人公身前。

STEP 04 要完成这一设想，首先要调整"红旗"片段的速度。

选中"红旗"片段，然后按快捷键【Command+R】，在弹出的片段速度条右端按住鼠标左键向左拖曳，如图6-53所示。

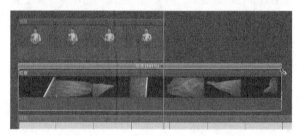

图6-53

将时间线中的播放头移动至"抠图"片段的末帧，调整"红旗"片段的速度，保证"抠图"片段结束时，红旗能够盖住女主持人，如图6-54所示。

图6-54

STEP 05 接下来需要找一个剪切点，目的是红旗从左往右从女主持人身后经过。

移动播放头，直至红旗从女主持人身后经过，如图6-55所示。

图6-55

STEP 06 保持播放头位置不变，选中"红旗"片段，如图6-56所示，按快捷键【Command+B】。

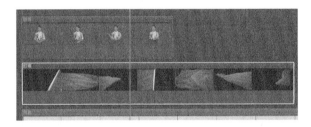

图6-56

此时，"红旗"片段被剪切成两个片段，选中后半部分片段，按住【Shift】键，按住鼠标左键将后半部分片段向上提。此时，软件会自动对齐两个"红旗"片段的结束点与开始点，如图6-57所示。

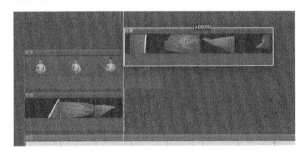

图6-57

STEP 07 将播放头移至小组片段的开头位置，按空格键播放这个小片段，发现经过这样的调整，红旗就好似围绕着女主持人转了一圈，这就是合成片段的魅力，如图6-58所示。

图6-58

6.2.2 合成关键帧动画

在上一节中，简单地将两个片段组合调整，就得到了全新的视觉效果。

本节将继续进行这个片段的修饰工作。引入一个小小的关键帧动画，让画面焕然一新。

▶ **实例——关键帧动画合成练习**

STEP 01 播放小合成片段，注意观察主持人的动作。女主持人有一个手滑动的动作，然后又摊开手展示说明什么内容。首先利用关键帧，让女主持人手里指着相应的动画元素，如图6-59所示。

图6-59

STEP 02 在时间线窗口左边的"效果"窗口中（按快捷键【Command+5】展开"效果"窗口），单击上方的"发生器"按钮。

在"发生器"效果中，选中"背景"分类中的"新星"效果，将其拖曳到时间线上；或使用连接编辑快捷键【Q】，将片段连接到时间线上，如图6-60所示。

图6-60

提示： 并不是"效果"窗口中所有的效果都可以使用连接编辑快捷键【Q】。当前选中的效果之所以可以使用编辑快捷键，是因为它本身是一段视频，只不过这段视频可以做相关参数的调整。

STEP 03 将"新星"片段放置到"抠图"片段上层。观察检视器中的画面，将播放头放置到女主持人用手指点的那个瞬间，如图6-61所示。

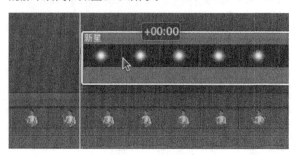

图6-61

STEP 04 在检视器中，可以看到光点过大而且位置不合适，如图6-62所示。

图6-62

在检视器左下角单击"变换"按钮，然后通过调整变换控制点，将"新星"片段放置到女主持人指端，如图6-63所示。

图6-63

STEP 05 调整好"新星"片段的位置，然后单击检视器左上角的添加关键帧按钮，如图6-64所示。

图6-64

此时，观察检视器窗口中的"变换"栏，其中"位置""旋转""缩放""锚点"4个选项后的关键帧全部变亮，如图6-65所示。

图6-65

STEP 06 保持"新星"片段处于"变换"状态不变，使用右方向键逐帧向右移动，然后在指尖离开"新星"片段后，在检视器窗口中将"新星"片段移动到指尖位置，直到主持人指尖停留，如图6-66所示。

图6-66

在移动"新星"片段的时候，发现软件会自动建立新的关于该片段位置信息的关键帧。这是因为该片段处在"变换"状态下，而且之前已经建立了第一个关键帧。这时片段的"位置""旋转""缩放""锚点"中任意一个参数在不同帧发生变化，软件都会在相关帧中重新建立关键帧。

　　播放现在所建立的关键帧画面，可以看到"新星"很好地与指尖保持一致的运动。

提示： 在一些专业合成软件里，如After Effects，会有专门的插件对指尖进行追踪处理。其原理是一样的，就是对运动画面的轨迹进行关键帧标记。为了使软件的跟踪更加精确，运动区域要有一处相对独立的色彩，这就是为什么在前期拍摄中会经常看到画面中的运动物体上会贴有蓝色或绿色的跟踪点。当然谁也不能确保这种标记点的功能能够一次性无误地执行完成。如果在反复播放中发现有些关键帧的位置不够完美，可以将播放头放置到相应关键帧的位置进行调整，如图6-67所示。

图6-67

STEP 07 保持"新星"片段处在"变换"状态不变，继续向右移动播放头，发现片段中的主持人有一个张开手的动作。

　　在主持人开始张开双手时添加一个关键帧，如图6-68所示。在主持人手完全张开时通过拖曳变换控制框中的点，将"新星"图形拉大，如图6-69所示。

图6-68

图6-69

　　单击检视器右上角的"完成"按钮，此时，检视器中的关键帧点连线就会消失。

STEP 08 选中时间线中的"新星"片段，按快捷键【Control+V】，展开该片段的"视频动画"编辑器，如图6-70所示。

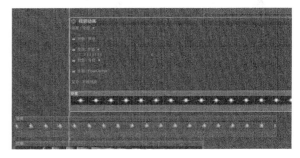

图6-70

　　可以看到，该片段中已经建立了很多关键帧，而且这种建立关键帧的方法非常高效。

6.2.3　混合模式及发生器的使用

　　在上一节中，我们通过关键帧动画为主人公的动作增加了一个动感的元素。本节将学习利用混合模式为片段打造一个新的动感背景。

　　混合模式是图像处理技术中的一个技术名词，广泛使用在Photoshop、After Effects、 Fireworks等图像处理相关软件中。

　　混合模式的主要功能是可以用不同的方法，将对象图层与底层图层的颜色混合。当把一种混合模式应用于某一对象时，在此对象的所在图层或组下方的任何对象上都可看到混合模式的效果。

▶ 实例——混合模式的应用练习

STEP 01 选中时间线中的任意片段，在检查器窗口的"视频"选项卡"复合"中的"混合模式"选项，可以看到软件预置了很多混合模式。软件默认的混合模式为"正常"，如图6-71所示。

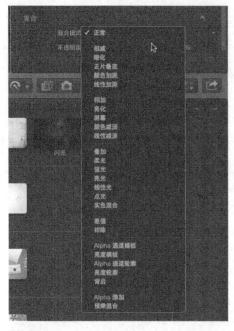

图6-71

这里简单介绍几种常用的混合模式。

叠加：在保留底色明暗变化的基础上，绘图的颜色被叠加到底色上，但保留底色的高光和阴影部分。底色的颜色没有被取代，而是和绘图色混合来体现原图的亮部和暗部。使用此模式可使底色图像的饱和度及对比度得到提高，使图像看起来更加鲜亮。

差值：查看每个通道中的颜色信息，比较底色和绘图色，用较亮的像素点的颜色值减去较暗的像素点的颜色值。与白色混合将使底色反相，与黑色混合则不产生变化。

排除：可生成和"差值"模式相似的效果，但比"差值"模式生成的颜色对比度小，因而颜色较柔和。与白色混合将使底色反相，与黑色混合则不产生变化。

STEP 02 除了混合模式，软件还预置了许多发生器项目。发生器项目可以理解为一段段可调整的动态素材。

在"效果"窗口中选择"发生器"→"背景"→"组成"效果，如图6-72所示。

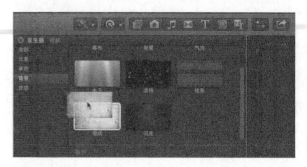

图6-72

按住鼠标左键将其拖曳到时间线中的"白色"片段上，此时，鼠标指针上会出现一个绿色加号，如图6-73所示。

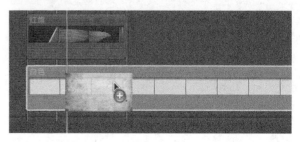

图6-73

释放鼠标左键，在弹出的菜单中选择"替换"选项，如图6-74所示。

图6-74

此时，检视器中的画面背景就会变成"组成"片段，如图6-75所示。

图6-75

STEP 03 从"效果"窗口选择"发生器"→"背景"→"流动"效果，按住鼠标左键向时间线拖曳该片段，如图6-76所示。

图6-76

将"流动"片段与"组成"片段的开始点对齐，然后释放左键，如图6-77所示。

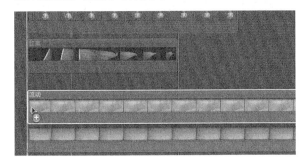

图6-77

STEP 04 保持时间线中的"流动"片段处在选中状态，在"复合"栏中选择"线性加深"混合模式，如图6-78所示。

图6-78

在检视器中，发现背景变成了"流动"与"组成"两个片段融合后的效果，背景中的元素更加丰富了，如图6-79所示。

图6-79

STEP 05 为了进一步增加合成片段的空间感，再为画面增加一个发生器片段。在"效果"窗口中选择"发生器"→"背景"→"漂移"效果，按住鼠标左键向时间线拖曳该效果，如图6-80所示。

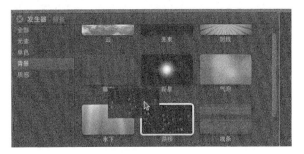

图6-80

将"漂移"片段与"组成"片段的开始点对齐，然后释放鼠标左键，如图6-81所示。

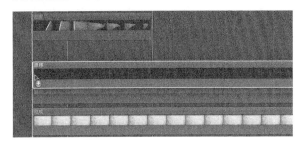

图6-81

STEP 06 如果觉得"漂移"片段中的小球过多，可以进一步调整小球的数量。保持时间线中的"漂移"片段处在选中状态，在检查器窗口的"发生器"栏中调整"Number""Speed""Scale"等参数，如图6-82所示。

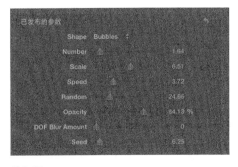

图6-82

STEP 07 将调整好参数的"漂移"片段选中，然后按住功能辅助键【Option】，再按住鼠标左键将"漂移"片段向上提到最上层。此时，"漂移"片段会被自动复制一层，放置到最上层，如图6-83所示。

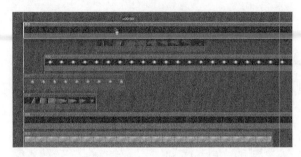

图6-83

这样几个层都会有漂移的小球出现，当某些元素运动时，由于图层的关系画面会产生一些空间感，如图6-84所示。

图6-84

6.2.4 多层图形文件的使用

FCPX提供了一个强大的效果库，丰富了我们的效果素材。而另一个功能极大地方便了合成操作，这个功能就是FCPX允许PSD文件的导入与使用，而且支持图层在时间线中的应用。

▶ **实例——多层图形文件的应用练习**

STEP 01 本例提供一个名为"多图层文件"的PSD文件作为素材。在事件浏览器中，展开事件"6.2"的精选词。将外部"多图层文件"文件拖曳到"PSD文件"精选词上，待该精选词高亮显示时，释放鼠标左键，如图6-85所示。此时，事件"6.2"的"PSD文件"精选词中多了一个"多图层文件"片段，如图6-86所示。

STEP 02 可以看到这个多图层文件是一个字幕片段，现在将其应用到合成片段中。当主持人张开双手时，光球变大，字幕同时由小变大，红旗飘过，主持人和光球都消失，屏幕上只留下字幕与背景。

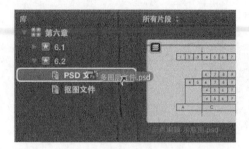

图6-85

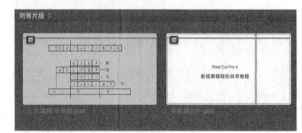

图6-86

选中时间线中的"新星"片段，然后按快捷键【Control+V】，展开"新星"片段的"视频动画"编辑器，然后将播放头移至光球开始放大的关键帧处，如图6-87所示。

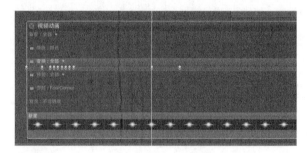

图6-87

STEP 03 选中事件"6.2"中的"多图层文件"片段，然后按住鼠标左键向时间线中拖曳此片段，如图6-88所示。

图6-88

将此片段放置到"红旗"片段上层，与此同时，该片段的开始点与"新星"片段开始放大的关键帧对齐，如图6-89所示。

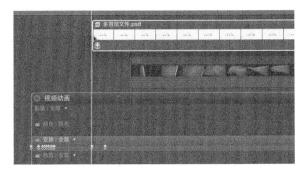

图6-89

STEP 04 此时，检视器中显示一个白底加文字，以及最上层的"漂移"片段内容，如图6-90所示。

图6-90

如果不是PSD文件，要实现白色区域的透明效果，首先想到的就是抠图，在PSD文件中问题就没有这么复杂了。

双击时间线中的PSD文件，时间线窗口中会打开一个全新的时间线项目，观察时间线窗口的左上角，可以看到当前项目打开的是PSD文件图层，如图6-91所示。

图6-91

可以看到，该PSD文件包括3个图层，分别为两个文字图层与一个背景图层。选中最下方的背景图层，按快捷键【V】快速隐藏背景图层，如图6-92所示。

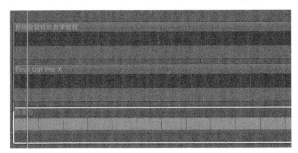

图6-92

STEP 05 此时，单击时间线左上角的"在时间线历史记录中返回"按钮，如图6-93所示。

图6-93

观察检视器中的画面，PSD文件的背景图层被轻而易举地去除了，如图6-94所示。

图6-94

STEP 06 将播放头向后移动到光球彻底变大的区域，然后选中时间线中的PSD文件，在检视器窗口的左下角开启片段"变换"模式，将文字移动到光点的中心区域，如图6-95所示。

图6-95

STEP 07 将播放头移动到光点最终放大的关键帧位置，然后选中时间线中的PSD文件，单击检视器窗口左上角的关键帧按钮，为PSD文件添加关键帧，如图6-96所示。

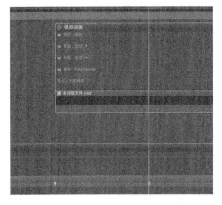

图6-96

STEP 08 再将时间线中的播放头移动至PSD文件的开头位置，也就是光球开始放大的关键帧位置。保持时间线中的PSD文件处在选中状态，通过PSD文件的变换控制框将其缩小至光球大小，如图6-97所示。

图6-97

此时，PSD文件的开头处会自动建立关键帧，如图6-98所示。

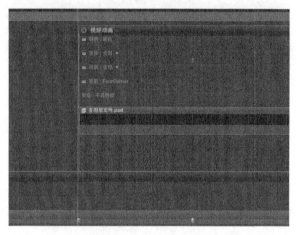

图6-98

STEP 09 播放这个片段，效果还可以，但是此时的时间线过于混乱，接下来进行简单的时间线规整。

▶ **实例——时间线整理**

STEP 01 单击时间线右下方的"片段外观"按钮，将片段高度缩小到最小状态，如图6-99所示。

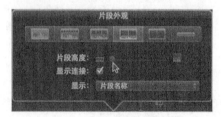

图6-99

关闭所有片段的视频动画编辑，可以看到时间线的现状还是过于复杂，如图6-100所示。

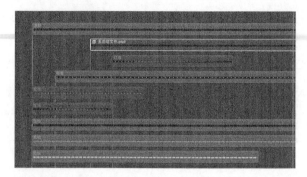

图6-100

STEP 02 所有片段以最顶层的"组成"片段的结束点为结束点，如图6-101所示。

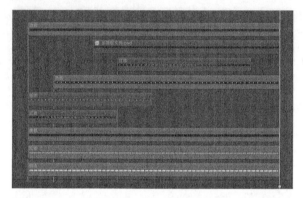

图6-101

STEP 03 选中最下面3层背景图层，如图6-102所示。

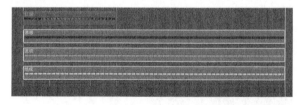

图6-102

按快捷键【Option+G】，弹出建立复合片段对话框，在"复合片段名称"文本框中输入"背景"，然后单击"好"按钮，完成新复合片段的建立，如图6-103所示。

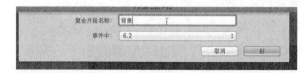

图6-103

STEP 04 按住鼠标左键框选除最上层"漂移"片段以外的图层，然后按快捷键【Option+G】，建立名为"动画"的复合片段，如图6-104所示。

图6-104

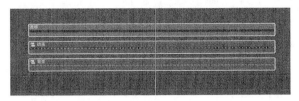

图6-105

此时，时间线中的片段清爽了很多，如图6-105
所示。

STEP 05 再次播放这个片段，将会得到图6-106所示的合成片段。

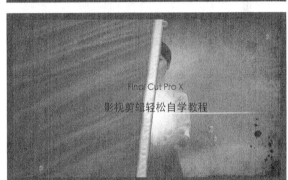

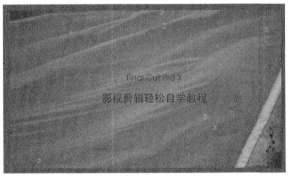

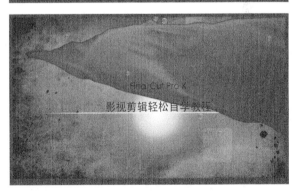

图6-106

一个画面的品质主要取决于3个因素：构图、光影、色彩。而这一章将要介绍如何利用软件调整、修饰画面的光影与色彩。

在前面的章节中，已经完成了画面的粗剪、精剪、滤镜添加与画面合成。在影视行业，一个影片的最后一步处理是调色。

调色的别名为数字配光。这种对画面色彩、光影的调整最早出现在胶片时代。在传统的化学洗印中，有一种特殊工艺称为留银工艺。通过这种工艺，可以直接干预最终成像的色彩饱和度、反差、颗粒度以及高光与阴影部分的密度，从而直接影响最终的出片效果。

随着数字技术对电影产业、电视产业的高度渗透，以及数字调色软件的日渐成熟，色彩校正已经成为影视制作中不可缺少的一环。

FCPX作为一个专业剪辑软件并没有忽视调色模块，而且在之前版本的基础上做出了巨大革新。这一章将会介绍调色基础，以及FCPX提供的便捷高效的调色方式。

7.1　调色的基础知识

在学习调色的具体操作前，需要先了解一些调色的基础知识。虽然说对色彩的感知力与判断力更多的是个人审美的体现，但色彩校正却是由很多标准及基础知识来支撑的调色规则。

7.1.1　什么是色彩校正

曾几何时，调色是一个只有高投入的电影行业才能够触及的高端领域。但伴随着数字时代到来，大量高清、超清摄像设备以及强大后期数字工作站的普及，调色逐渐成为普通影视工作流程中不可缺少的一环。

先明确一下色彩校正的主要目的。

1. 修复由前期拍摄不完善导致的画面问题

前期拍摄总是有失误的时候，常常会出现画面曝光不足、黑白平衡设置有误等问题，修复画面则是色彩校正的一大任务，如图7-1所示。

图7-1　（曝光不足调整前后）

2. 保持画面风格统一

在同一场景的一组镜头中，有可能因为角度与背景不同，画面风格、色调、曝光不够统一，统一画面风格也是色彩校正的一大任务，如图7-2所示。

图7-2　（色调风格的统一调整）

3. 创建艺术效果

镜头的情绪由很多因素构成，其中包括故事情节、背景音乐、拍摄内容等。但是在很多时候特殊的镜头色调也会影响画面的情绪，所以创建艺术效果也是色彩校正的一大任务，如图7-3所示。

图7-3　（冷暖色调的不同）

7.1.2　硬件的选择

调色工作对于硬件的要求主要包括两个方面：快速、准确。

1. 快速

如果事先进行多层光影处理以及滤镜特效，就需要一个强大的实时处理图像的GPU（图形处理器）。

FCPX是一款64位架构的软件，与之前的32位架构相比能够调用更多的资源。如果需要处理的是4K视频，那么有必要提升硬件配置。

2. 准确

如果制作的影片需要在电视台播出，那么必须拥有一台符合行业标准的广播级显视器，这样可以直观地感受画面抵达观众荧屏的效果。

现在的显视器种类选择很多，如LCD显示器、LED、OLED、投影仪等。一个好的显视器应该具备这样一些指标。

① 兼容以下视频输出端口：Y/Pb/Pr、HDMI、HD-SDI。

② 拥有足够的黑电平与白电平，以及足够的色彩宽容度，换而言之就是能够显示足够多的颜色，以及足够黑与亮。

③ 符合Rec.601（SD）与709（HD）色彩空间标准。

④ 因为显视器受使用地点的环境光影响，以及随着使用年限的增长，不可避免地产生色偏，一台专业级的显视器须能完成亮度与色彩的校正与控制。

提示：Final Cut Pro X兼容多种主流品牌的显视器，有些需要另外加装视频卡，有些则可以直接通过HDMI或雷电接口进行视频传输。无论是用哪种专业的视频输出设备，都应先确认是否在计算机上正常连接了，只有正常连接后才能通过预设或者菜单来控制视频输出到检视器上。

STEP 01 单击"Final Cut Pro"→"偏好设置"命令，或按快捷键【Command+,】，打开软件偏好设置对话框，如图7-4所示。

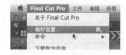

图7-4

STEP 02 在打开的对话框中，选择"回放"选项，在对话框底部的"音频/视频输出"下拉列表中选择要启用的硬件设备，如图7-5所示，然后单击对话框左上角的关闭按钮，就可以启用想使用的硬件设备了。

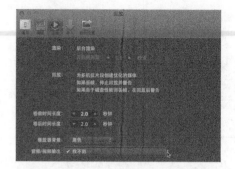

图7-5

7.1.3 切换高品质画面

为了提高剪辑效率，减少计算机运算量，很多剪辑会用代理文件或优化文件。但在进行调色时需要把画面调整成最高质量的画质。

在具体操作前，先建立一个名为"第七章"的资源库，将资源库"第六章"中的事件"6.2"复制到资源库"第七章"中，并重命名为"7.1"，将事件"7.1"中的工程文件也重命名为"7.1"。删除新建资源库中默认建立的其他事件（每个资源库中至少需要一个事件）。

▶ **实例——设置高质量的画质**

STEP 01 单击检视器窗口右上角的"选取检视器显示选项"按钮，如图7-6所示。

STEP 02 在弹出的下拉菜单中选择"较好质量"选项和"优化大小/原始状态"选项，如图7-7所示。

图7-6

图7-7

此时，软件的显示效果为媒体最佳质量的显示效果。

STEP 03 当代理文件切换时，有可能因为代理文件所存放的位置与原始素材存放的位置不同，从而造成部分文件离线。

STEP 04 选中离线片段，然后单击"文件"→"重新链接文件"命令，如图7-8所示。

图7-8

STEP 05 在弹出的"重新链接文件"对话框中单击"查找全部"按钮，如图7-9所示。

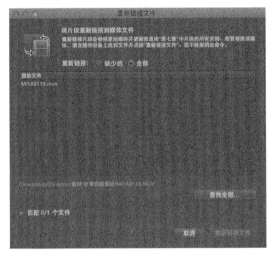

图7-9

STEP 06 在新弹出的页面中选择素材的路径，进行指定的素材链接，软件会自动检索相关文件并给出匹配文件。单击"选取"按钮，返回上一层页面，再单击"重新链接文件"按钮将离线文件重新找回，如图7-10所示。

图7-10

7.1.4 分辨率与码流

分辨率指的是视频画面横向与纵向的像素点数量。目前常用的分辨率类型有以下几种。

标清：720×576（4:3）。

高清：1280×720（16:9）。

全高清：1920×1080（16:9）。

2K：2560×1440；影院2K是指2048×1152；2048×1536（QXGA）；2560×1600（WQXGA），2560×1440（Quad HD）。

4K：Full Aperture 4K（4096×3112）；Academy 4K（3656×2664）。

提示： 通过项目设置可以看到，FCPX支持从标清到高清，直至4K或更高分辨率的多种尺寸的视频项目，如图7-11所示。

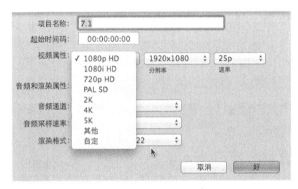

图7-11

码流，也叫码率，是指视频文件在单位时间内使用的数据流量，是视频编码画面质量控制中最重要的部分。相同分辨率、相同格式、相同编码下，视频文件的码流越大，压缩比就越小，画面质量就越好。

视频比特率与码流只是同一个概念两种叫法，比如一个MPEG2视频文件，一般不但包含视频信息，还包含音频信息，音频也有自己的比特率，这是音/视频信息复合在一起的文件，这个文件的码流是其音/视频码流的总和。

7.2 示波器

亮度与色彩如同声音一样，对它们的感知更多是个人的主观感受。为了更加直观地评价它们的参数，声音有波形图，在波形中能够看到声音的音高与音量；视频也有示波器，能够更加直观评定其相关数值。

接下来认识一下视频的多种示波器，看它们是如何显示视频的相关参数的。

STEP 01 单击"窗口"→"检视器显示"→"显示视频观测仪"命令，或按快捷键【Command+7】，展开软件视频观测仪窗口，如图7-12所示。

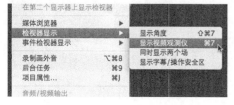

图7-12

此时会发现检视器窗口中显示出示波器区域，如图7-13所示。如果只有一个屏幕，可以调整窗口布局，以方便调色工作。

图7-13

STEP 02 单击示波器窗口右上角的"设置"按钮，会弹出下拉菜单，如图7-14所示。

图7-14

在该下拉菜单中可以看到，软件提供了3种显示波形图：直方图、矢量显示器、波形，然后通过不同通道分别查看片段的不同项。

下面先来认识一下直方图，如图7-15所示。

图7-15

当前，选择了"直方图"RGB叠层显示。

横轴显示了-25~125的数字范围，从左到右代表画面从最暗到最亮。

画面中共有4组波形，它们分别代表RGB三色在不同亮度区域所占比例；还有一个波形是亮度波形，它可以显示画面中明暗区域所占的比例。

图7-16所示为该波形对应的图片。

可以发现女主人公穿着的红色衣服处在暗区，绿草背景处在中间区，最靠前的蓝色窗户处在亮区。

该画面从亮度来看，没有明显的完全暗区，也没有曝光过度的亮区。

图7-16

可以在示波器窗口右上角单击"设置"按钮，在"通道"中选择其他选项进行单独查看。

STEP 03 保持时间线中的播放头位置不变，切换为矢量显示器。

在矢量显示器中，可以看到一个色轮，它会展示画面中有哪些颜色，以及颜色占数量的情况，如图7-17所示。

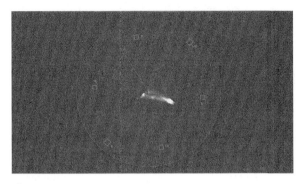

图7-17

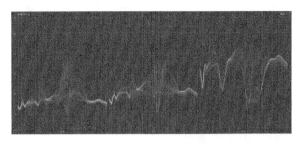

图7-18

STEP 04 保持时间线中的播放头位置不变，切换为RGB列示图，如图7-18所示。

视图共分3栏，它们分别代表红、绿、蓝（RGB）三原色。

视图中的纵轴显示了-20~120的数字范围，单位是IRE。

IRE其实是Institute of Radio Engineers（无线电工程师学会）首字母的缩写，IRE就是由该学会所指定的单位。它是一个用于测量模拟复合信号强度（亮度）的单位。0IRE为黑电平，100IRE为白电平。

视图中的横轴显示为画面从左至右竖排的像素的IRE。

7.3 自动平衡颜色与自动匹配颜色

FCPX提供了自动平衡颜色功能，这个功能会将画面的参数控制在一个较为合理的状态，可以通过这个功能快速获得调色画面，或是在此基础上做进一步的色彩调整；软件还提供了自动匹配颜色的功能，这个功能能够快速将两个画面的色调匹配，让两个画面的色调较接近。

STEP 01 越来越多的摄像机增加LOG模式，LOG模式可以记录更多的亮部与暗部细节，可使后期的调色空间更大。选中用LOG模式拍摄的视频片段，然后选择检查器窗口中的"信息"选项卡，在"设置"元数据视图中，展开"日志处理"下拉列表，会发现软件默认安装了多种机型的色彩预置，可以快速为这些"灰色片段"带来基本的色调，然后对其进行细部微调，如图7-19所示。

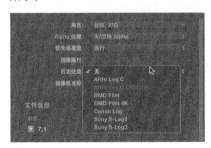

图7-19

STEP 02 在事件浏览器中或在时间线中选中想要自动平

衡颜色的片段，然后单击时间线右上角的"增强"按钮，在下拉菜单中选择"平衡色彩"选项，或按快捷键【Option+Command+B】，如图7-20所示。

图7-20

或是在检查器窗口的"视频"选项卡中，单击"颜色"栏"平衡"选项前的蓝色方框使其变亮，如图7-21所示。

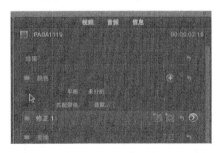

图7-21

此时，软件会对选中的片段进行分析并提供一个基本的配色方案。

STEP 03 在时间线中选中要匹配色彩的一个片段，然后单击时间线右上角的"增强"按钮，在下拉菜单中选择"匹配颜色"选项，或按快捷键【Option+Command+M】，如图7-22所示。

图7-22

或是在检查器窗口的"视频"选项卡中，单击"颜色"栏"匹配颜色"选项前的蓝色方框使其变亮，如图7-23所示。

图7-23

STEP 04 此时，软件的检视器中会出现两个视频分区，被选中的待匹配片段在右侧，如图7-24所示。

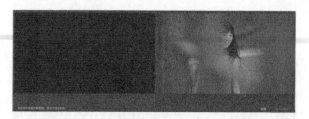

图7-24

时间线中的鼠标指针旁边增加了一个相机状的图案，在时间线中单击想要匹配的片段，如图7-25所示。

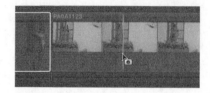

图7-25

STEP 05 检视器中左侧的黑场画面被选中的画面填补上来，单击检视器右下方的"应用匹配项"按钮，即可将屏幕左侧的视频色调匹配给右侧视频，如图7-26所示。

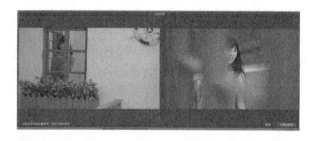

图7-26

7.4 一级调色

提示： 一般的调色流程分为一级调色与二级调色，也可以认为是全域调色与局部调色。一级调色需要完成画面整体的曝光、对比度、饱和度调整。

▶ **实例——一级调色练习**

STEP 01 选中时间线中的片段"PA0A1049"，现在对该片段进行一级调色设置，如图7-27所示。

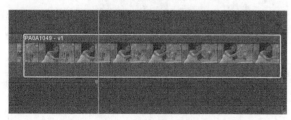

图7-27

STEP 02 展开检查器窗口中的"色彩"栏，单击"修正1"选项后的"显示修正"按钮，或按快捷键【Command+6】，如图7-28所示。

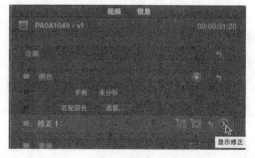

图7-28

此时，检视器窗口会自动切换到"颜色调整"窗口，可以看到这个窗口共由3栏组成：颜色、饱和度、曝光。

可以分别单击按钮观察3栏的布局，3栏中都包括"全局""阴影""中间调""高光"4个可调参数，如图7-29所示。

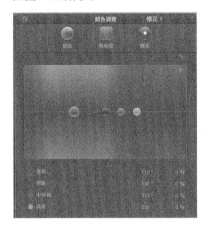

图7-29

STEP 03 保持时间线中的片段"PA0A1049"处在选中状态，按快捷键【Command+7】打开检视器中的示波器，然后单击示波器中的"设置"按钮，选择"RGB列示图"选项，如图7-30所示。

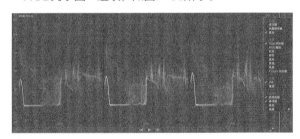

图7-30

对示波器的参数进行分析，可以看到这个画面的曝光是比较正常的，暗部与亮部都没有超出0~100IRE范围，但画面整体偏暗。

STEP 04 首先调整画面的曝光。按快捷键【Command+6】打开"颜色调整"面板，然后选择面板上方的"曝光"选项。

可以直接上下拖曳4个光球来改变4个区域的明暗；也可以逐一双击数字输入信息；还可以在选中下方数字后，使用键盘上的上下键进行数字的微调。这里为该片段进行了4组数字的调整，重点调亮画面的高光部分，如图7-31所示。

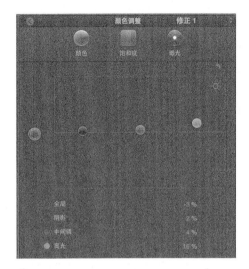

图7-31

提示： 可以通过开关检视器"颜色"栏中的"修正1"选项，对比更改前后的效果，发现画面的整体亮度有了提高，画面的对比度也有所提高，如图7-32所示。

调整前

调整后

图7-32

再次观察示波器中的参数，画面的绝大部分都处在0~100IRE范围，如图7-33所示。

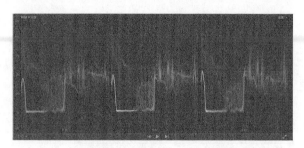

图7-33

STEP 05 保持时间线中的片段"PA0A1049"处在选中状态，按快捷键【Command+7】打开检视器中的示波器，然后单击示波器中的"设置"按钮，选择"矢量显示器"选项，并缩放到133%，如图7-34所示。

图7-34

对示波器的参数进行分析，可以看到这个画面中的色彩最主要的两个大方向为红色与青色。

因为这里目标是将画面向冷色调调整，所以只介绍"颜色"项的调整。

STEP 06 按快捷键【Command+6】，打开"颜色调整"窗口，选择最上方的"颜色"选项，其中的参数如图7-35所示。

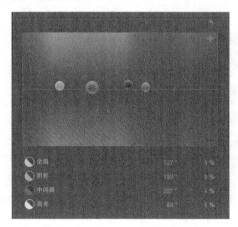

图7-35

提示： 4个点的位置可以上下左右移动，可选择任何颜色及颜色的强度。

STEP 07 通过关闭、开启片段"PA0A1049"在检查器窗口中的"修正1"选项的蓝色开关，查看调整前后的画面，如图7-36所示。

图7-36

可以看到调整后的画面整体亮度增加，整体色调偏向冷色。

观察矢量示波器中的显示，可以看出整个画面的主要色调偏向了蓝绿色，如图7-37所示。

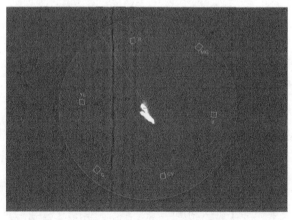

图7-37

STEP 08 保持时间线中的片段"PA0A1049"处在选中状态，按快捷键【Command+7】打开检视器中的示波器，然后单击示波器中的"设置"按钮，选择"RGB列示图"选项，显示的波形图如图7-38所示。

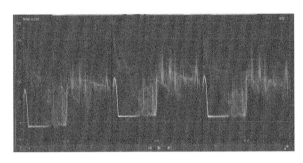

图7-38

提示： 在示波器中可以看到，红色波形底部已经溢出，
这说明画面中的暗部主要由蓝绿色构成。

STEP 09 按快捷键【Command+6】，打开"颜色调
整"窗口，选择"饱和度"选项，如图7-39所示。

在饱和度的调整中，选择降低暗部饱和度，适当提
升高光的饱和度。也可以通过单击还原按钮或按快捷键
【Command+Z】，来快速实现饱和度调整前后的对
比。

经过上面的操作，已经完成了对片段"PA0A1049"
的一级调色工作，并了解了画面的曝光调整与基本色
调调整参数，增加了画面的对比度与饱和度，效果图
7-40所示。接下来进入二级调色工作。

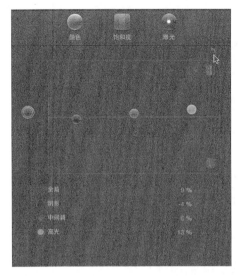

图7-39

图7-40

7.5　二级调色

二级调色是一级调色的延续，可以简单理解为一级
调色为调整整个画面，二级调色就是选择某个区域进行
不同于一级调色的微调。

▶ **实例——二级调色练习**
STEP 01 一级调色后的画面曝光与色调已经没有问题，
但是有些小问题需要更改。

在一级调色中，将画面的色调向冷色系做了调整，
但是这严重影响了主人公皮肤颜色的表达，所以需要调
整人物的肤色。

提示： 这种局部的调整是一级调色无法完成的。

STEP 02 在保持一级调色不变的前提下，单独选中主人
公肤色进行调整。

保持时间线中的片段"PA0A1049"处于选中状

态，在检视器的"颜色"栏中，单击"添加修正"按
钮，添加色彩修正，如图7-41所示。

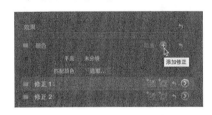

图7-41

此时可以看到"颜色"栏中添加了一个"修正2"。
STEP 03 单击"修正2"的"颜色遮罩"按钮，将鼠标
指针移至检视器中，鼠标指针变成了吸管状，将其移至
女主人公的皮肤上，按住鼠标左键向外拖曳，可以确定
颜色遮罩的范围，如图7-42所示。

图7-42

STEP 04 单击"颜色"栏中的"修正2"右端的向右箭头，或按快捷键【Command+6】，打开"颜色调整"窗口，选择"曝光"选项，如图7-43所示。

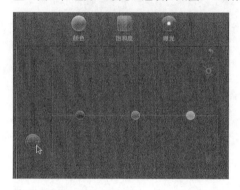

图7-43

　　将"曝光"选项中的"全局"滑块大幅下调，效果如图7-44所示。

图7-44

提示： 这样可以在检视器中直观地看到颜色遮罩所选区域的范围。

　　不仅可以在检视器中使用吸管工具重新建立颜色选区，还可以按住功能辅助键【Option】减选遮罩区域，也可按住功能辅助键【Shift】加选遮罩区域，如图7-45所示。

　　经过调整，颜色遮罩已经落到了主人公的皮肤区域，在"颜色调整"窗口中将"全局"曝光调回到0。

STEP 05 再次打开"修正2"的"颜色调整"窗口，选项中"颜色"选项，如图7-46所示。

图7-45

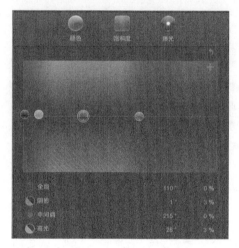

图7-46

　　将色彩向红黄处偏移，观察检视器中肤色的变化，将肤色调回到正常色。

STEP 06 通过开关"修正2"对比二级调色的效果，如图7-47所示。

调整前

调整后

图7-47

提示: 通过二级调色,既保证了画面整体色调不变,也保证了人物肤色的正常。

7.6 利用形状遮罩添加暗角

在很多影视作品中,会为画面的4个角做暗角处理。接下来使用FCPX快速为画面制作暗角。

▶ 实例——快速制作暗角效果

STEP 01 选中时间线中的片段 "PA0A1049"。在检查器窗口的"颜色"栏中单击"添加修正"按钮,为该片段添加"修正3",如图7-48所示。

STEP 02 单击"修正3"中的"添加形状遮罩"按钮,如图7-49所示。

图7-48

图7-49

STEP 03 此时会发现检视器窗口中添加了一个遮罩,遮罩的内圈为遮罩的范围,外圈为遮罩的羽化范围。

通过遮罩上的控制点,将遮罩形状调整到图7-50所示的状态。

图7-50

STEP 04 单击"颜色"栏中的"修正2"右端的向右箭头,或按快捷键【Command+6】,打开"颜色调整"窗口,选择"曝光"选项。

单击"颜色调整"窗口下方的"外部"按钮,如图7-51所示。

图7-51

STEP 05 将外部的曝光降低,如图7-52所示。会发现检视器中的画面四角暗下来,画面更具梦幻感,如图7-53所示。

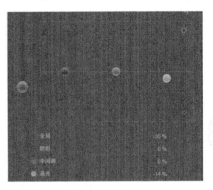
图7-52

图7-53

STEP 06 在一个修正中可创建多个遮罩,以完成不同区域的调色需要;而一个片段也可以建立多个修正,以完成复杂的画面调整。

大家可以根据以上实例举一反三,对画面的更多细节做出调整,从而创造出更加细腻的画面。

一部完整的影片，从素材到作品完成，不只有剪辑的工作，这中间包括了前面章节已经介绍的合成包装、调色，还有本章要介绍的字幕。

随着影视类型的增多，字幕也开始有更为细致的分类，包括唱词字幕、说明性字幕、提示性字幕、特效字幕、标题字幕等。

这其中需要重点认识的是特效字幕，近年来娱乐类节目大幅发展，其中以纪录片形式大举扩张的真人秀节目异军突起，这一切催生了既有信息量，又能提高节目品质与节奏的特效字幕的发展。甚至在大型真人秀节目中，已经衍生出了专门制作特效字幕的"花字组"。

本章将介绍字幕的制作方法。

8.1 制作字幕

文字作为一种直接的信息表达，可以很准确地告知观众信息，而带有动画效果的字幕则更能够吸引观众的注意，为影片增添新的元素。

下面从易到难分别介绍几种字幕形式的制作方法。

在具体操作前，先建立一个名为"第八章"的资源库，将"第七章"资源库中的事件"7.1"复制到资源库"第八章"中，并重命名为"8.1"，将事件"8.1"中的工程文件也重命名为"8.1"。删除新建资源库中默认建立的其他事件（每个资源库中至少需要一个事件）。

8.1.1 唱词字幕

唱词字幕是一种最简单的字幕种类，但是它的使用却几乎涵盖了所有的影片。下面就来介绍看似简单，实则不凡的唱词字幕。

▶ **实例——添加唱词字幕**

很多第三方唱词软件可以快速将文本转化为字幕片段，然后通过XML文件交付给FCPX。本例不涉及第三方软件的使用。

STEP 01 按【Home】键将时间线中的播放头移至时

间线开头位置，单击"编辑"→"连接字幕"→"基本字幕"命令，或按快捷键【Control+T】，如图8-1所示。

图8-1

STEP 02 可以看到时间线中多了一条"基本字幕"片段，软件默认片段长度为10:01，而此片段的长度为无限长，如图8-2所示。

图8-2

保持时间线中的"基本字幕"片段处于选中状态，将播放头移动至字幕片段上，以方便观察字幕片段的内容。

将鼠标指针移动至检视器中的"Title"字幕处，

按住鼠标左键可以随意拖曳字幕改变其位置，如图8-3
所示。

图8-3

STEP 03 将"Title"字幕移至画面底部的中间，现在国
内大多数高清影片的唱词字幕基本上是左对齐，但是考
虑到还有部分标清播出信号，所以大多数唱词字幕还是
居中对齐。

　　在移动字幕时发现，软件会自动显示居中对齐
线，这也是FCPX设计中比较人性化的一面，如图8-4
所示。

图8-4

STEP 04 纯白色字幕在白色过多的画面中显示得不太
明显。现在就来调整一下字幕的显示。现在就来调整一
下字幕的显示。

　　保持时间线中的"基本字幕"片段处在选中状态，
单击时间线窗口右上角的检查器按钮，或按快捷键
【Command+ 4】，打开检查器，如图8-5所示。

图8-5

　　在检查器中选择"文本"选项卡，关于文本的参数
都在这里，如图8-6所示。

图8-6

STEP 05 单击"外框"栏前的蓝色方框，使其变亮。此
时检视器中的字幕会添加红色边框，如图8-7所示。

图8-7

　　展开"边框"栏，然后双击"颜色"色块，会弹出
"颜色"窗口，按住鼠标左键拖曳窗口右侧的滑块，直
至颜色变成黑色，如图8-8所示。

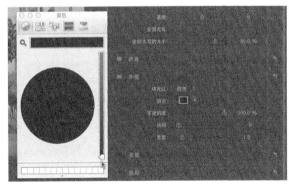

图8-8

STEP 06 此时，字幕边框变成了黑色，在检视器中发现
边框的宽度有点不够，如图8-9所示。

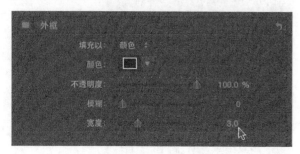

图8-9

单击"外框"栏中的"宽度"选项，选中其后面的数值，使用上下方向键改变数值，或使用数字键盘输入数字3，然后按【Return】键，如图8-10所示。

图8-10

可以看到检视器中的字幕边框达到了比较理想的状态，如图8-11所示。

图8-11

这样就调整好了唱词字幕的样式，下面可以通过这个样本手动建立唱词字幕。

提示：规整唱词字幕。

由于唱词字幕很多时候会密密麻麻地占领着时间线，当工作进入后期修改影片时，唱词字幕会成为一定的障碍，下面通过两个实例来介绍规整唱词字幕的方法，如图8-12所示。

图8-12

▶ **实例——规整唱词字幕的方法一**
STEP 01 选中任意字幕片段，按住功能辅助键【Option】不放，按住鼠标左键将片段向上拖曳，鼠标指针下方会出现一个加号，释放鼠标左键就复制了一个字幕片段；或选中该片段，按快捷键

【Command+C】，然按快捷键【Command+V】。复制片段会以时间线中的播放头位置为开始点向后延长，如图8-13所示。

STEP 02 选中复制的上层片段，在检视器窗口的"文本"选项卡中，将"文本"栏中的文字删除，就会得到一个没有任何内容的全透明字幕片段，如图8-14所示。

图8-13　　　　　　　　　　图8-14

STEP 03 将空字幕片段的开始点与时间线开头位置对齐，结束点向后延续，再将空字幕片段提到整个时间线的最上层。

全选之前已经建立的唱词字幕，按住功能辅助键【Shift】，将唱词字幕整体向上移动。按住【Shift】键移动片段，片段会与原位置的开始点、结束点自动对齐，不会使片段左右移动，如图8-15所示。

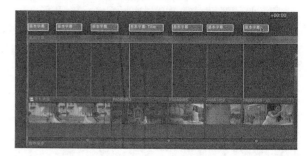

图8-15

这样就可以更清晰地看到下层视频片段的状态，片段上的唱词与相关视频处于连接状态，也可以方便地移动视频，而不用担心唱词字幕错位。

▶ **实例——规整唱词字幕的方法二**
STEP 01 将时间线中的唱词恢复到开始状态，然后按住鼠标左键框选所有唱词字幕，如图8-16所示。

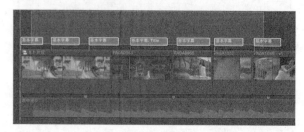

图8-16

STEP 02 按快捷键【Command+G】，被框选的唱词字幕会组成一个次级故事情节，连接到主故事情节上，如图8-17所示。

图8-17

这样的好处是，次级故事情节只连接一个片段，类似于纪录片，这种解说词不挪动，只更改画面的影片，可以避免因为画面的改动，而频繁地调整唱词字幕。

▶ **实例——存储字幕样式**

STEP 01 选中时间线中任意一个已经调整好的片段，回到检查器窗口，单击"文本"选项卡下的字幕样式选项，在下拉列表中选择"存储所有格式+样式属性"选项。

格式属性包括字体、字号、对齐方式等文本信息；样式属性包括表面、外框、光晕等样式信息，如图8-18所示。

图8-18

STEP 02 此时会弹出"将预置存储到资源库"对话框，输入名称"软件学习"，然后单击"存储"按钮，如图8-19所示。

图8-19

STEP 03 回到检查器，在"文本"选项卡下展开字幕样式下拉列表，发现其中增加了一个"软件学习"选项，如图8-20所示。这表示软件已经将字幕预设添加到了样式列表中了，此计算机中的其他工程文件都可以使用这个预设。特别在多集剪辑时，使用这种效果预设可以极大地提高工作效率。

图8-20

8.1.2　特效字幕

在很多综艺节目中可以看到大量的特效字幕，这些字幕会带给画面良好的视觉效果，与此同时，也会增加节奏感与信息量。但是这种特效字幕风格的选择是尤为重要的，文字动态效果应能够与画面在动势及风格上融合在一起。

接下来就结合时间线上已有的片段，进行特效字幕的制作。

▶ **实例——特效字幕的应用**

STEP 01 在"8.1"文件的时间线中，将播放头移至片段"MI1A8113"的开始位置，然后播放这个小片段，发现"MI1A8113"和"MI1A8119"都是在游乐场旋转木马这个场景中的镜头，而且两个镜头的运动方向是相同的。现在尝试给这两个片段增加特效字幕，以增加片段的信息量，如图8-21所示。

图8-21

STEP 02 FCPX的字幕库中有100多种文字特效模板。单击"效果"窗口中的"字幕"→"下三分之一"→"纪录片"→"左"特效，然后按住鼠标左键将其拖曳到时间线上，如图8-22所示。

图8-22

将该特效与"MI1A8113"的开头位置对齐，如图8-23所示。

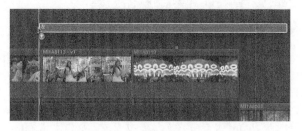

图8-23

或将时间线中的播放头移动至片段"MI1A8113"的开始点，在"效果"窗口中选中特效"左"，然后按编辑快捷键【Q】，将得到相同的结果。

STEP 03 播放这个效果，发现其长度以及字幕出现的地方不太合适，但是字幕的效果与画面运动的方向刚好吻合。

选中特效片段"左"的开始点与结束点，将其结束点与片段"MI1A8119"的结束点对齐，其开始点此片段"MI1A8119"的开始点稍微向前一点，如图8-24所示。

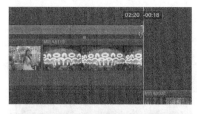

图8-24

STEP 04 播放这个片段，发现特效字幕出现的时间及运动长度都差不多了。保持该特效片段处在选中状态，在检查器窗口的"文本"选项卡文本框中输入文字"旋转木马"，如图8-25所示。

图8-25

STEP 05 在检视器中，可以按住鼠标左键改变文字的位置。与此同时，可能会感觉到文字的样式仿佛与影片画面略有不搭，如图8-26所示。

图8-26

STEP 06 继续保持特效字幕片段处在选中状态，在检查器中为片段设置"FANTASY"预设字幕样式，如图8-27所示。

图8-27

在检视器中可以看到文字的质感已经比较贴近画面了，但是文字的背景还需要继续调整，如图8-28所示。

图8-28

STEP 07 继续保持特效字幕片段处在选中状态，在检查器"标题"选项卡中可以将背景做相关参数的选择，如图8-29所示。

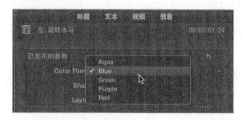

图8-29

STEP 08 回到检视器中观察画面，此刻，还需缩小整个字幕，如图8-30所示。

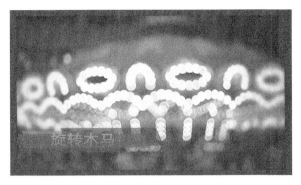

图8-30

选中时间线上的字幕片段，然后单击检视器下方的"变换"按钮，如图8-31所示。

图8-31

问题是，在变换特效字幕的同时，检视器中的背景画面也随之动了起来，如图8-32所示。

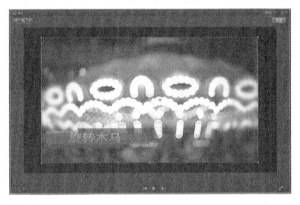

图8-32

STEP 09 按快捷键【Command+Z】，撤销上一步操作。有两种办法可以解决，先利用之前所学习的建立复合片段的方法，将新的特效字幕装进一个复合片段后，再对复合片段进行大小调整。另一种办法将在后面介绍。

选中时间线中的特效字幕，然后单击鼠标右键，在弹出的快捷菜单中选择"新建复合片段"命令，或按快捷键【Option+G】，快速创建复合片段，如图8-33所示。

图8-33

输入复合片段名称"特效字幕复合片段"，然后单击"好"按钮，如图8-34所示。

图8-34

STEP 10 在时间线中选中新建的复合片段，再次单击"变换"按钮改变检视器中复合片段的特效字幕大小，背景画面的大小没有跟随字幕的大小而发生改变，如图8-35所示。

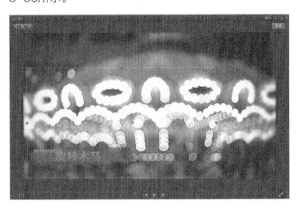

图8-35

8.1.3　Final Cut Pro X与Motion的协同工作

在8.1.2节中改变特效字幕时，提到有两种办法可改变特效字幕的大小，其中一种是新建复合片段。本节将介绍改变字幕大小的另外一种办法，Final Cut Pro X与Motion的协同工作。

Motion是苹果公司旗下的一款动态视频编辑工具，拥有多种粒子效果，能够轻松完成令人惊叹的3D效果。

Final Cut Pro X与Motion、Compressor联合使用可以轻松完成从视频的剪辑、包装到输出转码的全过程，而且最新版的3款软件共享一个渲染引擎，可以在软件内部互相交付任务，这使我们的操作更加便捷。

▶ **实例——与Motion协同处理字幕的大小**

STEP 01 选择"效果"窗口中的"字幕"→"下三分之一"→"纪录片"→"左"效果，然后在此字幕效果上单击鼠标右键，选择"在Motion中打开副本"命令，如图8-36所示。

提示： 计算机中需要安装Motion 5及以上的版本，才能够在Final Cut Pro X中启动。

文件，下面就通过调整这些视频片段来完成字幕调整。如图8-38所示。

图8-36

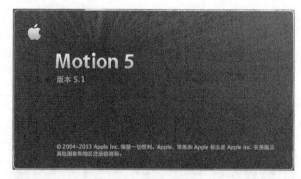

图8-37

STEP 02 此时，软件会启动Motion，如图8-37所示。在Motion的时间线中，可以看到有很多层的工程

图8-38

这里不对Motion中的相关调整做更多介绍，调整后的状态如图8-39所示。

软件会弹出另存为对话框，在其中可以选择特效字幕存储的"类别""主题"等。在"模板名称"文本框中输入"FCPX练习"，然后单击"发布"按钮，关闭Motion软件，如图8-41所示。

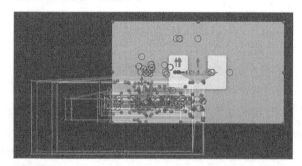

图8-39

图8-41

STEP 03 特效字幕调整完毕后，单击"文件"→"存储为"命令，或按快捷键【Shift+ Command+S】，如图8-40所示。

STEP 04 在Final Cut Pro X的"效果"窗口中，可以在"字幕"→"下三分之一"→"纪录片"中看到刚刚在Motion中更改的特效模板"FCPX练习"，如图8-42所示。

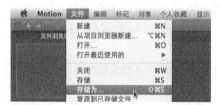

图8-40

图8-42

与此相同，可以将Final Cut Pro X中任何一款模板发送到Motion中进行元素调整和替换。

STEP 05 在"影片/Motion Templates/字幕/下三分之一/Documentary"文件夹中可以看到刚刚所建立的预置效果。如果不希望"效果"窗口中充斥大量预置效果，可以直接将此文件夹删除，然后重启Final Cut Pro X，"效果"窗口中的预置效果会自动消失，如图8-43所示。

图8-43

8.2　主题与发生器的使用

Final Cut Pro X提供了大量的动态素材及视频模板，本节将介绍几种常用的视频效果，它们会彻底改变你的工作方式。

在开始学习前，先在"第八章"资源库中新建事件"8.2"（快捷键为【Option+N】），全选事件"8.1"中的视频片段，按住【Option】键将事件"8.1"中的片段复制到新建的事件"8.2"中。用同样的方法将事件"8.1"中的工程文件"8.1"复制到事件"8.2"，并将事件"8.2"中的工程文件重命名为"8.2"。

8.2.1　巧用占位符

在影片剪辑，特别是在故事片的剪辑中，时常会遇到一个组镜里有个别镜头还没有拍摄，或是拍摄不够完美需要补拍的情况。

在Final Cut Pro X中，可以先用一个占位符将空白处填补起来，以方便其他人观看粗剪影片。

▶ 实例——占位符的应用

STEP 01 假设时间线的两个复合片段之间有两个缺失镜头，可以使用占位符先将空白处填满，如图8-44所示。

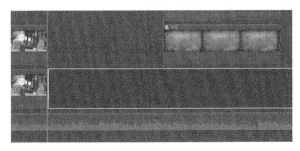

图8-44

在"效果"窗口中单击"发生器"按钮，选中"占位符"效果，如图8-45所示。将播放头移动至复合片段"5.2片段"的结束点，然后可以将占位符当成浏

览器窗口中的素材片段，进行连接、插入、追加、覆盖的编辑，快捷键分别为【Q】、【W】、【E】、【D】。

图8-45

或者单击"编辑"→"插入发生器"→"占位符"命令，或按快捷键【Option+ Command + W】，如图8-46所示。

图8-46

STEP 02 使用连接的编辑方式，将两个占位符连接到主故事情节上，如图8-47所示。

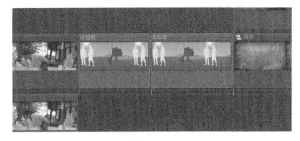

图8-47

STEP 03 占位符不单单是在时间线上占个位置这么简单。选中一个占位符，按快捷键【Command+4】打

开检查器，如图8-48所示。

图8-48

可以通过这些参数，给缺少的片段添加主要信息，如人数、天气、场景等。这样便会在很大程度上给观看粗剪片段的人带来提示。

STEP 04 在"发生器"选项卡中选中最下方的"View Notes"复选框，再切换到"文本"选项卡，如图8-49所示。

图8-49

可以在文本框中输入需要的提示文字。

8.2.2 使用时间码

在很多影视剧粗剪中，会看到一个带有时间码的影片，这个时间码是从画面第一帧开始直至画面结束，这个带时间码的版本会交付到各个工作部门，工作人员会统一使用这个时间码对影片进行全面检查，然后根据时间码汇总意见，再在时间线上一一改正。

本节就来介绍一下如何制作时间码。

▶ **实例——制作时间码**

STEP 01 在"效果"窗口中选择"发生器"→"元素"→"时间码"效果，如图8-50所示。

图8-50

Final Cut Pro X提供了两种时间码，一种为"时间码"，由帧、秒、分、时构成；另一种为"计数"，由秒数构成。

STEP 02 将时间线中的播放头放置到开头位置，或按【Home】键。在"效果"窗口中选中"时间码"效果，按连接编辑快捷键【Q】。此时，一条时长为10秒的时间码就被铺设到时间线上了，如图8-51所示。

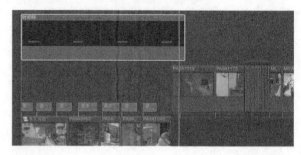

图8-51

STEP 03 选中时间码片段的结束点，然后将播放头移动到片段结尾处，按快捷键【Shift+X】延长到时间线的结尾，如图8-52所示。

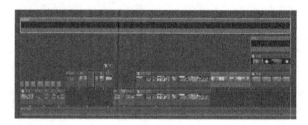

图8-52

STEP 04 保持时间线中的时间码片段处在选中状态，按快捷键【Command+4】打开检查器窗口，在其中可以根据需要进行时间码片段的调整，如图8-53所示。

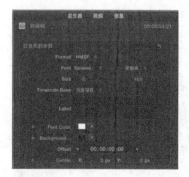

图8-53

Final Cut Pro X提供了很多种转场特效、素材特效、滤镜特效，在编辑工作中并不是添加得越多越好，重点在于巧妙。

 （图中内容：第9章标题栏，左侧"第9章"，右侧"有声胜无声——音频"）

第**9**章　有声胜无声——音频

美国哈佛大学商学院有关人员的研究结果，人的大脑每天通过5种感官接收外部信息，其比例分别为味觉1%、触觉1.5%，嗅觉3.5%，听觉11%，视觉83%。

一部好的影片对于观众而言就是一场视听盛宴。

与此同时，影片的音效会增加画面的真实感，音乐会烘托影片气氛。

Final Cut Pro X不但在视频上有强大的处理功能，在音频方面也不逊色。它可以处理前期录音的瑕疵；它还拥有一个强大的音频插件集合，可以使声音更富有质感；同时提供了一个较为全面的声音库，可以用来丰富影片的音效。

9.1　电平的控制

虽然声音看不到也摸不着，却是能听得到的。所以声音的品质也决定了一个影片的品质。

我们先认识一下声音的第一个指标——电平。电平是声音大小的一个衡量指标，一般而言声音的指标都不要超过0dB。

9.1.1　认识音频指示器

Final Cut Pro X有很便捷的音频指示器，下面就来介绍一下音频指示器的使用与读取。

在具体学习前，先建立一个名为"第九章"的资源库，将资源库"第八章"中的事件"8.2"。复制到资源库"第九章"中，并重命名为"8.2"将事件"9.1"中的工程文件也重命名为"9.1"。删除新建资源库中默认建立的其他事件（每个资源库中至少需要一个事件）。

▶ 实例——音频指示器的使用与读取

STEP 01 双击打开项目"9.1"，按空格键播放时间线上的内容，在时间码窗口的右侧会看到跳动的电平指示器，如图9-1所示。

（右栏顶部图示）

图9-1

STEP 02 双击时间码窗口右侧的电平指示器，或按快捷键【Command+Shift+8】，则会在时间线的右侧展开一个更清楚的音频指示器。

STEP 03 再次播放时间线中的片段，绿色跳动块表示当前播放片段的音高。绿色块上方有一条一起跳动的横线，此为"峰值标线"，表示这个段落最高峰时的电平，如图9-2所示。

图9-2

提示： 电平标准。

电平标准意在统一声音的大小，建立起一个相对安全的电平范围。如果制作的影片电平过低，进入播放端后，为了听得更清楚，人们就会加大音频的增益，如此一来声音中不可避免的底噪就会更加明显；如果制作的影片电平过大，进入播放端时为了不至于声音过曝，人们会减小音频增益，如此一来音频中会有很多细微的地方人耳听不到，使声音听起来没有那么饱满。

所以在电视制作中，考虑到播放环境的多样性，一般将最后混音的音频平均电平控制在-12dB~-6dB，其最高峰不能超过0dB。

在电影制作中，因为影片的播放环境较为单一，为使观众得到一个很大的响度空间，通常将平均电平控制在-31dB~-24dB，这样当影片出现爆炸等高电平信号时，也不至于超过0dB，从而让观众拥有一个比较不错的响度空间。

但是无论什么影片的制作，声音的电平都不能够超过0dB，超过这个电平值，音频指示器会亮起红色报警，而且声音在播放端有可能出现爆音的问题。

9.1.2 手动调整电平

接下来以时间线中的"雨中漫步"音乐为例，介绍如何手动调整声音电平。

▶ 实例——手动调整声音电平

STEP 01 时间线中的音频片段或视频片段中的音频中间位置都有一条横向的电平调整线。

这条横线的默认电平是0dB，指的是不在原始声音上做任何电平处理；向上最大为+12dB，指的是将原来声音的电平增加12dB；向下最小为无穷小，指的是声音电平可以完全关闭，如图9-3所示。

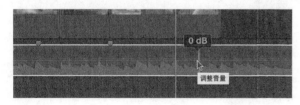

图9-3

STEP 02 保持时间线中的音乐片段处在选中状态，单击"修改"→"调整音量"→"调高（+1dB）"命令，

或按快捷键【Control+＝】，如图9-4所示。

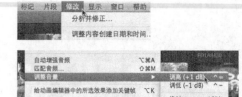

图9-4

此时，音乐片段的电平就会增加1dB，如图9-5所示。

图9-5

STEP 03 使用上一步的方法，将音乐片段的电平增加到6dB，如图9-6所示。

图9-6

STEP 04 此时发现片段中的部分音频段落的波形会出现红色的波峰。Final Cut Pro X能够在时间线中的音频片段的波形中，显示超过0dB的电平信号。

现在就以时间线中音乐片段的第2个和第3个标记点之间的音频段落为例，设置关键帧来调整片段的电平值，如图9-7所示。

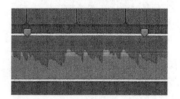

图9-7

首先需要改变一下片段的外观，以方便片段声音的调整。单击时间线右下角的"更改片段在时间线中的外观"按钮，弹出"片段外观"对话框，将片段外观设置为只显示音频部分，然后适当调整片段高度，如图9-8所示。

图9-8

STEP 05 按住键盘上的功能辅助键【Option】，然后将鼠标指针移至时间线上的音乐片段中的电平控制线上，会看到鼠标指针的右下角增加了一个加号，如图9-9所示。

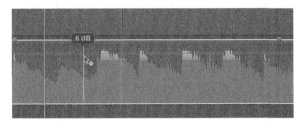

图9-9

在第2个和第3个标记点之间，超过电平标准部分的前后建立4个关键帧，如图9-10所示。

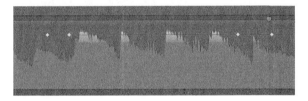

图9-10

STEP 06 选中第2个与第3个关键帧之间的电平控制线，然后按住鼠标左键向下拖曳，直至该电平线下的音频波形没有了红色音频波形，如图9-11所示。

图9-11

STEP 07 按快捷键【Home】回到音乐片段的开始位置，会发现每一个音频片段或是带有音频的视频片段，开头位置都带有一个渐隐控制手柄。将播放头放置到"雨中漫步"音频片段的开始处，按住鼠标左键将控制手柄向右拖曳，然后播放这个片段，会发现片段开头处的音量有一个渐大的过程，如图9-12所示。

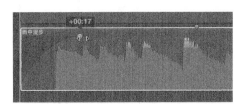

图9-12

9.1.3 音频片段间的交叉叠化

音频片段与视频片段一样也可以增加交叉叠化等效果，使音频的过渡更加顺畅。

本节就来介绍如何让片段中的音频过渡得更加自然流畅。

▶ 实例——音频的过渡处理

STEP 01 单击时间线右下角的"更改片段在时间线中的外观"按钮，在弹出的对话框中选择第3种片段显示方式，这样可以兼顾画面与音频，如图9-13所示。

图9-13

STEP 02 时间线中的片段"PA0A1052"与"PA0A1049"是女主人公戏水的镜头，在粗剪时为了排除干扰，将片段的音频删除了，但在成片时需要将这些同期声找回来，以增加影片的真实性，如图9-14所示。

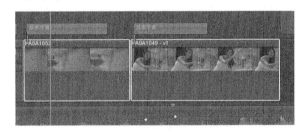

图9-14

在时间线的左上角单击源媒体下拉按钮，选择"全部"选项，或按快捷键【Shift+1】，如图9-15所示。

图9-15

然后分别选中时间线中的两个片段，按快捷键【Shift+F】，在事件浏览器中定位两段视频的原始片段，再按连接编辑快捷键【Q】，将两个片段的原始片段连接到时间线上并对齐，如图9-16所示。

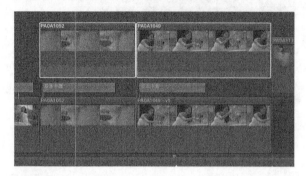

图9-16

STEP 03 按快捷键【Command+C】复制片段属性，再按快捷键【Shift+Command+V】将片段属性复制到相应片段上，如图9-17所示。

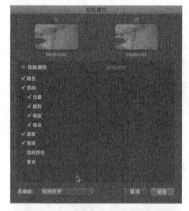

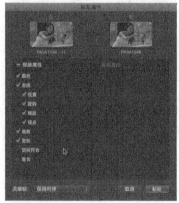

图9-17

STEP 04 选中时间线上两个带有音频的视频片段，如图9-18所示。

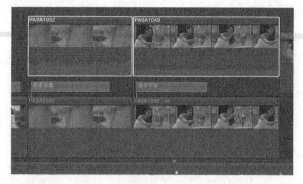

图9-18

单击鼠标右键，在弹出的快捷菜单中选择"覆盖至主要故事情节"命令，或按快捷键【Command+Option+↓】，将两个连接片段覆盖到主要故事情节上，如图9-19所示。

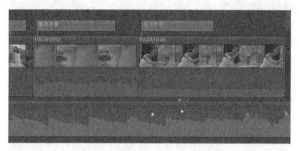

图9-19

STEP 05 可以看到两段视频的电平相差很大，当然也可以从缩略图中看到两个画面的景别不同，一个是手部特写，另一个是人物中景，水声的电平自然应该有所差异，于是需要将两者的声音有所过渡，这样听起来就会更加自然。

将时间线中的音频片段还原到原始状态。按快捷键【R】将工具切换到"选择"工具，然后框选音频段落上的4个关键帧，单击鼠标右键，选择"删除关键帧"命令删除4个关键帧，如图9-20所示。

图9-20

STEP 06 保持音乐片段处于选中状态，在检查器中选择"音频"选项卡，将音量设置为入0，将片段电平回归到0dB，如图9-21所示。

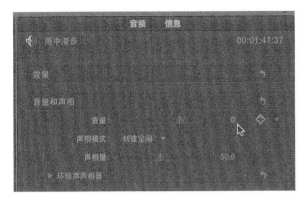

图9-21

STEP 07 再次播放这两个片段,会发现两个片段的声音进入与结束太突兀,而且两个片段间的过渡也不够。

将片段"PA0A1052"的电平降低到一个合适的位置。选中片段电平控制线,按住鼠标左键向下拖曳,将该片段的电平下调6dB,如图9-22所示。

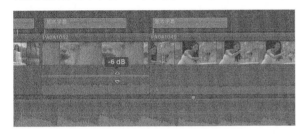

图9-22

STEP 08 单击"片段"→"展开音频/视频"命令,或按快捷键【Control+S】,如图9-23所示。

图9-23

此时,片段"PA0A1052"的视频与音频被展开,但是视频与音频是粘贴在一起的。这与使用"将片段项分开"命令是有质的区别的:如果按快捷键

【Shift+ Command+G】,那么音频片段就会与视频片段彻底剥离开。为不使时间线显得太杂乱,选择将片段展开。

STEP 09 在时间线上选择片段"PA0A1052"的音频开始点,然后将其加长,并使用控制手柄做一个音频渐大,如图9-24所示。

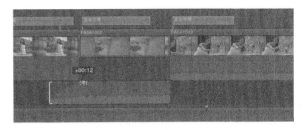

图9-24

STEP 10 按照上一步的操作,分别加上两个片段的开始点与结束点,并做音频渐变处理,如图9-25所示。

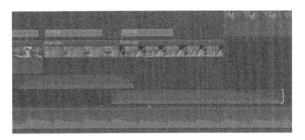

图9-25

再次播放这个片段,会发现这两个片段听起来舒服多了。但是两个片段连接处的过渡还是有些问题。下面利用软件的多种渐变形状来解决。

STEP 11 按住功能辅助键【Control】,单击控制手柄,会弹出多种渐变形状的菜单,两个片段的交接处都选择"S曲线",如图9-26所示。

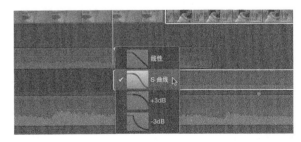

图9-26

再次播放这个片段,能够明显感觉到后者的过渡更为合适。

9.2 修剪音频片段

音频片段与视频片段一样，都可以经过剪辑达到更符合需要的状态。

在具体操作前，先在"第九章"资源库中新建事件"9.2"（快捷键为【Option+N】），全选事件"9.1"中的视频片段，按住【Option】键将其复制到事件"9.2"中。用同样的方法将事件"9.1"中的工程文件"9.1"复制到事件"9.2"，并将事件"9.2"中的工程文件重命名为"9.2"。

▶ 实例——音频片段的剪辑处理

STEP 01 打开工程文件"9.2"，按快捷键【Shift + Z】显示整个时间线片段，会发现音乐的长度有些过长。接下来就以此为例介绍如何修剪音频片段，如图9-27所示。

图9-27

STEP 02 需要将这个片段的音乐无缝对接，就要对音乐的章节处进行剪辑，然后将其中的章节删除，这样音乐的整体时长就缩短了。

在时间线中1分19秒的地方将其剪开，因为这是一个音乐段落的开始位置，而且这个段落紧邻结尾部分，如图9-28所示。

图9-28

STEP 03 将结尾片段向前移动，找到一个离视频结尾最近的、音乐段落结束的位置，在此处将主音频段落剪开，大约在39秒19帧的位置，如图9-29所示。

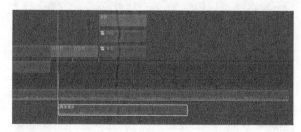

图9-29

STEP 04 将播放头移动至音频编辑点，然后按快捷键【Command+=】将此编辑点放大，如图9-30所示。

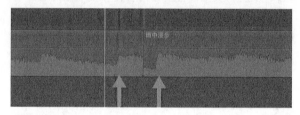

图9-30

播放这个片段，发现需要编辑的方向是：将前一片段的最后一个波峰删除，然后将后一片段的第一个波峰跟进。

反复试听这个片段，然后调整两端音频的结束点与开始点位置，直到在节奏与衔接上没有明显接痕，如图9-31所示。

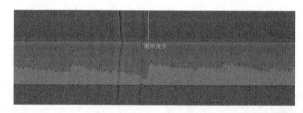

图9-31

至此已经找到了一个不错的接点位置，但是还是能够听到细微的吧嗒声，从图片位置上可以看到，两段音频的接点位置的电平还是有不一样的地方。

STEP 05 参考视频叠化的方式，音频也可以通过叠化来弱化接点处的瑕疵。框选这两个片段，按快捷键【Command+G】建立次级故事情节。选中音频接点处的一个编辑点，如图9-32所示。

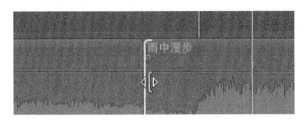

图9-32

STEP 06 单击"编辑"→"添加'交叉叠化'"命令，或按快捷键【Command+T】，如图9-33所示。

图9-33

此时会发现叠加区域有重影的波峰波形，如图9-34所示。

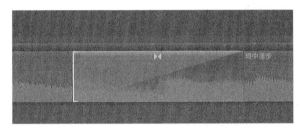

图9-34

STEP 07 将鼠标指针移动至交叉叠化特效的左上角位置，待鼠标指针变成███形状，按住鼠标左键向右拖曳，直到两个波峰重叠，如图9-35所示。

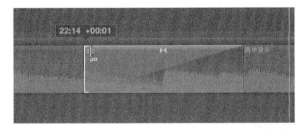

图9-35

STEP 08 反复播放叠化特效前后的音频片段，选中此交叉叠化特效，如图9-36所示。

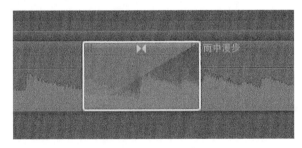

图9-36

在检查器中，可以在"音频交叉渐变"栏中选择淡入/淡出的类型，如图9-37所示。

图9-37

▶ **实例——设置音频采样频率**

STEP 01 选中时间线中的音乐片段，在检查器窗口中选择"信息"选项卡，在窗口左下角选择"基本"选项，可以看到"音频采样速率"显示为44.1kHz，这也就意味着该片段音频每秒采集44 100份音频样本，如图9-38所示。

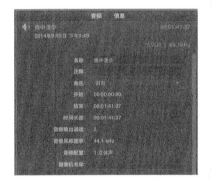

图9-38

如果用这个音频采样频率除以视频画面帧频（PAL制每秒25帧），那么每帧画面就拥有1764份可编辑音频，即44 100份/25帧=1764份/帧。

STEP 02 拖曳任意音频片段的编辑点，会发现不同于视频片段，音频片段的时间码显示会有"子帧"项，如图9-39所示。

图9-39

STEP 03 Final Cut Pro X在音频剪辑方面提高了精确度，允许用户在每帧视频画面中精细编辑到1/80个单位。按住功能辅助键【Command】按方向键，可以实现1/80帧的移动。

9.3　控制声相及通道

伴随着硬件技术的发展，越来越多播放端支持2.0声道、2.1声道甚至5.1声道、7.1声道。不管是立体声还是环绕立体声，都要求声音设计有立体空间感。在实际生活中，可以利用耳朵来判断声相产生的方向，而单声道时代这种声音的立体感是很难达到的，所以才慢慢衍生出2.0声道、2.1声道、5.1声道、7.1声道，以增强影片在声音还原上的真实性。

Final Cut Pro X允许创建立体声及环绕立体声的多种声场模式，而且能够轻松创建声相，简单高效地控制声相模拟立体声及环绕立体声。接下来就介绍一下声相的控制。

在具体学习之前，先在"第九章"资源库中新建事件"9.3"，全选事件"9.2"中的视频片段复制到事件"9.3"中。将事件"9.2"中的工程文件"9.2"复制到事件"9.3"中，并将事件"9.3"中的工程文件重命名为"9.3"。

▶ 实例——制作立体声相

STEP 01 打开项目"9.3"，选中时间线中的片段"PA0A1052"，如图9-40所示。

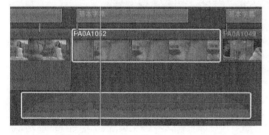

图9-40

STEP 02 在检查器中选择"音频"选项卡，可以发现片段的声相模式为"无"，而下方的通道配置中却显示"立体声"，如图9-41所示。

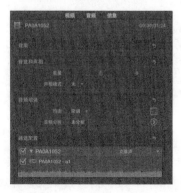

图9-41

STEP 03 在时间线中选中该片段，然后按快捷键【Option+S】单独播放该片段，如图9-42所示。

可以在音频指示器中看到，左/右声道都有声音，而且左/右声道的电平一直保持一致，如图9-43所示。

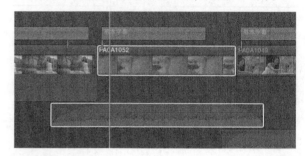

图9-42

图9-43

这说明声音确实是立体声，只是左/右声道都有声音，但并不是真正的立体声，因为没有声相的变化。

STEP 04 播放这个片段可以发现，镜头从右向左摇动，而画面中的声音主要来源于左侧的流水声，那么伴随着镜头的移动，流水声也应该有一个从左至右的过程，下面利用Final Cut Pro X模拟这一声相变化。

保持时间线中的片段"PA0A1052"处在选中状态，单击检查器中的"声相模式"下拉按钮，在弹出的下拉菜单中选择"立体声左/右"选项，如图9-44所示。

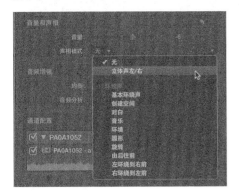

图9-44

STEP 05 选中时间线中的片段"PA0A1052"，然后单击鼠标右键，在弹出的快捷菜单中选择"显示音频动画"命令，或按快捷键【Control+A】，如图9-45所示。

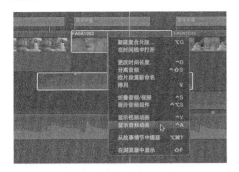

图9-45

STEP 06 此时，片段中的音频下方会出现声相的设置条，单击声相条右侧的下拉按钮，将其展开，如图9-46所示。

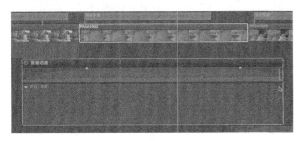

图9-46

STEP 07 将播放头移动至片段音频的左端，然后在检查器中设置"声相量"为-40，如图9-47所示。

图9-47

将时间线中的播放头移动到该片段音频右端，设置"声相量"为20，如图9-48所示。

图9-48

STEP 08 此时，片段"PA0A1052"就建立起一个从左至右的声相变化，如图9-49所示。

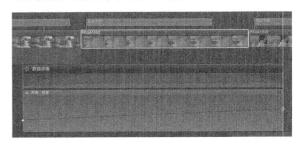

图9-49

保持该片段处在单独播放的状态，然后反复播放这个片段，感受声音从左到右变化的过程。

▶ 实例——制作环绕立体声相

STEP 01 选中事件"9.3"中的项目"9.3"，然后单击鼠标右键，在弹出的快捷菜单中选择"复制项目"命令，或按快捷键【Command+D】，复制该项目。将复制出的项目重命名为"9.3.2"，如图9-50所示。

图9-50

STEP 02 选中项目"9.3.2"，在检查器的"信息"选项卡中单击"修改设置"按钮（或按快捷键【Command+J】），如图9-51所示。

图9-51

在弹出的修改设置对话框中，将"音频通道"设置为"环绕声"，如图9-52所示。

图9-52

可以看到时间线右侧的音频指示器变成拥有6个通道的环绕5.1立体声，Ls、L、C、R、Rs、LFE分别代表左环绕、左、中置、右、右环绕、重低音单元，其中前5个单元是全频单元，最后的重低音单元为小于120Hz的重低音频单元，如图9-53所示。

图9-53

STEP 03 选中时间线中的片段"MI1A8113"，可以看到这个片段的镜头是从左摇向右，将此片段的音频片段

利用上面的方法恢复到时间线中，如图9-54所示。

图9-54

按快捷键【Control+S】，将片段的视频与音频展开，分别加长音频开始点与结束点，利用两端的控制手柄快速制作电平渐变。

STEP 04 选中该片段，然后按快捷键【Option+S】，单独播放该片段的音频。保持该片段在时间线中处在选中状态，在检查器中选择"音频"选项卡，在"声相模式"下拉菜单中选择"基本环绕声"选项，然后展开环绕声声相器，如图9-55所示。

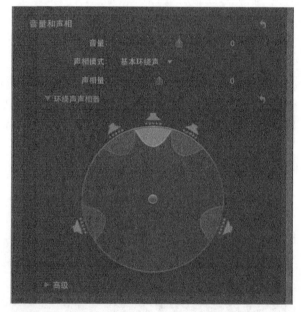

图9-55

围绕圆心的5个喇叭状符号分别代表从左到右的5个声道。

STEP 05 将时间线中的播放头移动至片段的音频左端的开始点，然后将鼠标指针移至中间白色小球处，按住鼠标左键将白点拖曳至左侧，再单击环绕声声相器右上方的关键帧按钮，如图9-56所示。

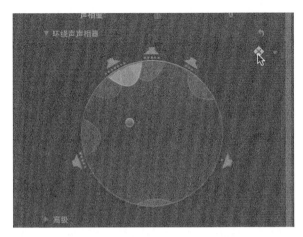

图9-56

将播放头移至片段"MI1A8113"的音频结束点，然后将中间白色小球拖曳到右侧，此时软件将自动在结束点位置建立声相关键帧，如图9-57所示。

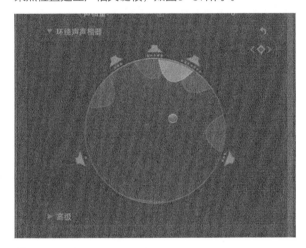

图9-57

STEP 06 选中时间线中的片段"MI1A8113"，然后按快捷键【Control+A】将其音频动画展开，"声相"选择"全部"，会发现音频片段的开始点与结束点建立起相关键帧，如图9-58所示。

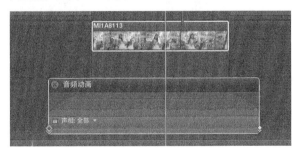

图9-58

STEP 07 反复播放该片段，会听到一个由左向右的声相变化。按快捷键【Option+S】关闭片段独奏，反复播放该片段，然后利用之前学过的知识降低该片段的电平。

▶ **实例——音频通道的管理**

在很多时候使用摄像机进行前期拍摄时，除了使用机头话筒录制环境声以外，还会有一个外置超高音喇叭指向话筒保证对白的录制。

在后期剪辑中，有可能只是用其中一个话筒的声音，这就需要将其他话筒的声音屏蔽。通过音频通道的管理可以很简单地解决这个问题。

STEP 01 选中时间线中的片段"PA0A1049"，如图9-59所示。

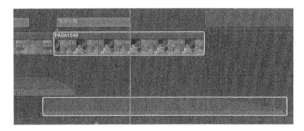

图9-59

STEP 02 在检查器中的"音频"选项卡中单击"通道配置"栏右侧的下拉按钮，在下拉菜单中选择"双单声道"选项，如图9-60所示。

图9-60

STEP 03 此时，如果两个声道的声音不同，可以关闭相关声道，这样就可以将该片段的相关声道屏蔽，如图9-61所示。

图9-61

使用此方法，可以避免将片段的视频与音频完全分离，只单独删除不用的音频片段，就可以将时间线中的音频和视频完整地绑定在一起，从而使时间线看起来不再杂乱无章。

9.4　使用音频效果

与视频滤镜相同，Final Cut Pro X也为音频准备了大量的音频效果器，其中包括只有专业音频软件Logic才具有的音频滤镜。本节将介绍音频效果器的使用。

在具体学习之前，先在"第九章"资源库新建事件"9.4"，全选事件"9.3"中的视频片段，复制到事件"9.4"中。将事件"9.3"中的工程文件"9.3.2"复制到事件"9.4"中，并将事件"9.4"中的工程文件重命名为"9.4"。

▶ 实例——使用EQ跳接片段音频

EQ是最常见的音频效果器，它可以调整音频片段中不同频率的电平，从而控制某一频率电平的大小，这样的操作可以改善音频的声音品质，规避某些频率上的噪声。

STEP 01 打开项目"9.4"，选中时间线上的片段"PA0A1052"。播放该片段，会发现片段中的低频过多，使片段音频的流水声杂音很多，如图9-62所示。

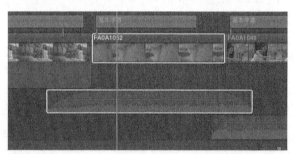

图9-62

STEP 02 保持该片段处在选中状态，在检查器窗口中选择"音频"选项卡，然后在"音频增强"栏中单击方形按钮，如图9-63所示。

图9-63

STEP 03 此时会打开"图形均衡器"对话框，按住功能辅助键【Command】，同时选中前4栏频率，会看到有一个蓝框框选前4栏音频，按住鼠标左键向下拖曳任意一个白色小球，其余3个小球都会随之向下移动，如图9-64所示。

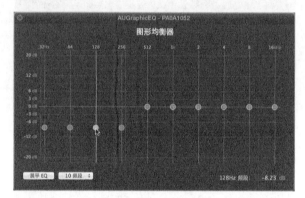

图9-64

STEP 04 单击"图案均衡器"对话框左下角的"10频段"按钮，会弹出一个下拉菜单，选择"31频段"选项，此时有更多的频段可以调整，如图9-65所示。

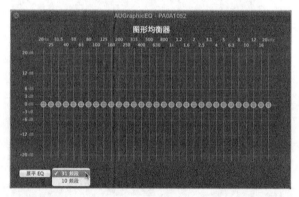

图9-65

再次播放这个片段，经过调整EQ，片段的流水声干净了许多。

▶ 实例——使用其他音频效果

上一个实例使用的音频效果器是检查器中默认的，本例练习其他效果器的使用。

STEP 01 按快捷键【Command+5】，打开"效果"窗口，可以在效果分类中的"音频"栏看到软件提供的很多音频效果，因为滤镜效果太多，在此就不做一一介绍了，只挑选其中的"Fat EQ"效果进行介绍，如图9-66所示。

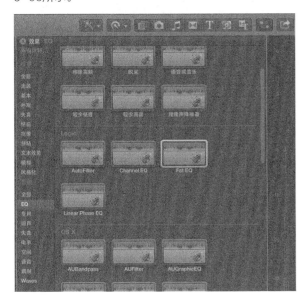

图9-66

STEP 02 音频效果的添加方式与视频效果的添加方式相同。

在"效果"窗口中选中"Fat EQ"效果，然后按住鼠标左键将其拖曳到时间线中的片段"PA0A1052"上，待鼠标指针上出现加号时释放鼠标左键，如图9-67所示。

图9-67

STEP 03 保持时间线中的片段"PA0A1052"处在选中状态。在检查器中可以看到"效果"栏中添加了

"Fat EQ"效果，单击下拉按钮展开参数，其中有大量参数可以调整，也可以单击该效果器右上方的方形按钮，如图9-68所示。

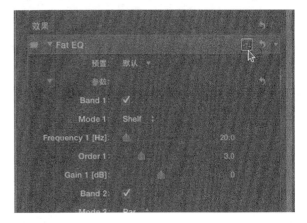

图9-68

STEP 04 此时会打开"Fat EQ"效果的设置对话框，其为仿硬件平台界面，这个界面比检查器直观得多，调整几个旋钮的位置，以及下方的相关参数，就可以轻松完成该片段EQ的调整，如图9-69所示。

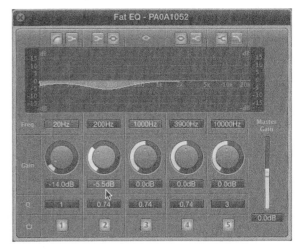

图9-69

第 10 章　大功告成——项目输出

经过前9章的学习，相信大家已经可以完成一部影片的剪辑工作，剩下的就是最后的项目输出工作了。

Final Cut Pro X凭借强大的64位架构，以及最新的渲染引擎，可以压缩渲染输出的时间；而且可以按角色输出，以方便将不同文件快速分类输出给其他协作部门；还可以将输出任务发送至Compressor软件中，进行多种格式文件的快速输出。

Final Cut Pro X还支持使用XML文件与多种软件协同完成工作任务。

10.1　母版文件输出

在母版文件输出中，Final Cut Pro X提供了优质的Apple ProRes系列编码/解码器，此系列编码格式是由苹果公司独立研制的，能带来多种多样的帧尺寸、帧率、位深及色彩采样比率，而且能够完美地保留原始文件的视频质量。

目前ProRes编码/解码器有6个版本：ProRes422 Proxy、ProRes 422 LT、ProRes 422、ProRes 422 HQ、ProRes 4444 及 ProRes 4444 XQ，每一个ProRes所用的情形和拍摄环境都是不同的。

（1）ProRes 422Proxy：这是苹果家族中，码流最小的一种编码格式，其常应用于代理文件或是交付粗剪版本。

（2）ProRes 422 LT：与ProRes422 Proxy相比，ProRes422 LT整体画面质量较高，因为ProRes422 LT包含画面中的每一个像素，它的比特率是ProRes422 Proxy的两倍。而在分辨率为1920×1080、帧率为29.97 f/s的情况下，ProRes 422 LT的目标数据速率大约是102 Mbit/s。

（3）ProRes 422：在Final Cut Pro X中，ProRes 422是所有优化媒体的默认格式，能很出色地平衡画质和剪辑效率，也是大多数单反数码相机使用者的首选。在分辨率为1920×1080、帧率为29.97f/s的情况下，ProRes 422 的目标数据速率大约是147Mbit/s，这使得 ProRes 422成为大多数8位视频格式，如H.264、AVCHD、MPEG-4、DVCPro等的最佳选择。

（4）Pro、Res 422 HQ：ProRes422 HQ是最受欢迎的ProRes类型，其在后期制作中采用率很高，在10位像素深度下支持4:2:2视频源，同时通过多次解码和重新编码，在视觉上几乎看不出损失。在分辨率为1920×1080、帧率为29.97f/ps的情况下，ProRes422 HQ的目标数据速率大约是220Mbit/s。

（5）ProRes 4444：ProRes 4444支持全分辨率，在4:4:4:4 RGBA色彩和视觉还原方面做得很好，在视觉上与原始材料是分辨不出来的，因为它为每个像素都提供了颜色采样。

ProRes 4444对于存储和交换动态影像及合成来说是一个很高的分辨率，Alpha通道无损高达16位（允许视频片段带通道输出，这是上面任何一种编码都做不到的），非常适合VFX工作、色度键控及重度调色操作。在分辨率为1920×1080、帧率为29.97f/s、数据来源为4:4:4的情况下，ProRes 4444的目标数据速率大约是330 Mbit/s。

（6）ProRes 4444 XQ：是ProRes家族的最新成员，它是一个非常专业且高质量的格式，专为高端后期工作流程和设备而设计。这个编码/解码器支持的每个画面通道高达12位，每个Alpha通道则高达16位。在分辨率为1920×1080、帧率为29.97f/s、数据来源为4:4:4的情况下，ProRes 4444 XQ的目标数据速率大约是500Mbit/s。这个编码/解码器是不能用于一般项目的，比如一位普通的摄影师使用单反数码相机完成的小型独立制作项目，它应该用于大型项目，如一个好莱坞工作室的拍摄项目，并且使用高档设备进行拍摄，而这个项目后期也会是大制作行列中的一员。

在具体操作前，先建立一个名为"第十章"的资源库，将"第九章"资源库中的事件"9.4"复制到"第十章"资源库中，然后将复制过来的事件重命名为"10.1"，并将事件"10.1"中的工程文件也重命名为"10.1"。删除新建资源库中默认建立的其他事件（每个资源库中至少需要一个事件）。

▶ 实例——母版文件的输出方法

STEP 01 在时间线中，按快捷键【Home】将播放头移动至片头位置，按快捷键【I】建立入点，然后将播放头移动至片段的结尾处，按快捷键【O】建立出点，如图10-1所示。

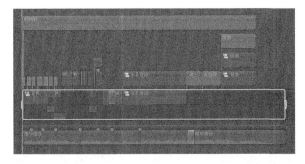

图10-1

如果不建立选区直接输出片段，软件会将整个时间线中的所有片段都包含在输出文件内，其中包含空隙片段。

STEP 02 单击时间线右上方的"共享"按钮，在弹出的下拉菜单中选择"母版文件"选项，如图10-2所示。

也可以单击"文件"→"共享"→"母版文件"命令，或按快捷键【Command+E】，如图10-3所示。

图10-2　　　　　　　　　　　图10-3

提示： 因为硬盘格式而导致输出失败。

如果在输出过程中发现使用上面3种方法中任意一种方法，都无法输出该项目，那么请查看资源库文件，是不是存储在NTFS格式的硬盘中。

目前常见的硬盘格式有三大类，其分别是Mac OS格式、ExFAT格式、Windows NT格式。

其中ExFAT格式是从FAT32格式演进而来，改进了FAT32格式单个文件最大只支持4GB的问题，它也是这3种格式硬盘中唯一不用通过第三方插件就可以在Mac系统与Windows系统使用的硬盘格式，如图10-4所示。

图10-4

在Mac系统中，最好将所有硬盘都格式化为Mac OS格式，因为Mac OS格式的硬盘在Mac系统下运行最稳定，而且读/写速度最快。

STEP 03 在弹出的"母版文件"对话框中，单击"视频编解码器"，在下拉列表中选择"Apple ProRes 422 HQ"选项，然后单击"下一步"按钮，如图10-5所示。当然也可以根据需要选择其他视频编解码器。

图10-5

注意对话框底部的输出说明，它会显示输出片段的基本信息，而且会预算出输出片段的文件大小，如图10-6所示。

图10-6

STEP 04 软件会弹出对话框设置导出文件的路径，以及导出的文件名。这里选择导出文件到桌面上，文件名为"10.1"，然后单击"存储"按钮，如图10-7所示。

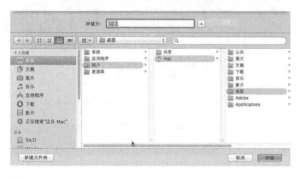

图10-7

STEP 05 此时，软件就开始生成影片，可以双击时间码中的进度圈，或按快捷键【Command+ 9】，打开"后台任务"对话框，查看共享进度，如图10-8所示。

图10-8

提示： Final Cut Pro X的输出过程不同于Final Cut Pro 7，在旧版本中生成工程时，不能做任何操作，否则生成工作会立即取消。在Final Cut Pro X的输出过程中，可以进行其他操作，只是输出影片的进度有可能会变慢或暂时停止。

STEP 06 输出完毕，屏幕的右上角会弹出"共享成功"对话框，如图10-9所示，单击"显示"按钮，软件会自动定位输出文件的位置，并新建一个Finder窗口将其打开。

图10-9

10.2　导出XML文件

XML是一种网页文件格式，其中记录着时间线中片段的开始点与结束点，以及片段的结构性数据。导出的XML文件很小，一般只有几百千字节，但可以很方便地在第三方软件中打开，如调色软件DaVinci Resolve，并且完整复原片段在Final Cut Pro X中的位置结构。

Final Cut Pro X不仅可以输出XML文件，也可以在第三方软件中完成相关任务（如DaVinci Resolve的调色任务）后，输出一个XML文件，将其导入Final Cut Pro X中，继续后续的编辑工作。

下面就为大家介绍一下如何使用Final Cut Pro X导出XML文件。

▶ 实例——使用Final Cut Pro X导出XML文件
STEP 01 在时间线中按快捷键【Home】将播放头移动至片头位置，按快捷键【I】建立入点，然后将播放头移动至片段的结尾处，按快捷键【O】建立出点，如图10-10所示。

图10-10

STEP 02 单击"文件"→"导出XML"命令，如图10-11所示。

图10-11

STEP 03 在弹出的"导出XML"对话框中,选择导出文件的路径。如果特殊软件需要,也可以选择其他元数据视图,然后单击"存储"按钮,如图10-12所示。

图10-12

10.3 导出文件

Final Cut Pro X也支持多种文件格式及分轨文件的导出。

▶ 实例——其他格式与分轨文件的导出

STEP 01 在时间线中按快捷键【Home】,将播放头移动至片头位置,按快捷键【I】建立入点,然后将播放头移动至片段的结尾处,按快捷键【O】建立出点,如图10-16所示。

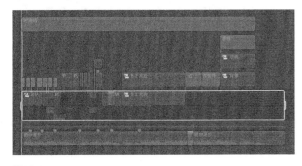

图10-16

STEP 04 此时,软件会显示导出XML文件的进度条,如图10-13所示。因为XML文件只是记录片段的基本信息,所以这个过程会非常快。

图10-13

导出结束后,在相应的路径下就能够找到图10-14所示的文件。

图10-14

STEP 05 XML文件的导入方法也很简单,在单击"文件"→"导入"→"XML"命令即可,如图10-15所示。

图10-15

STEP 02 单击时间线右上方的"共享"按钮,在弹出的下拉菜单中选择"导出文件"选项,如图10-17所示。

图10-17

也可单击"文件"→"共享"→"导出文件"命令。

STEP 03 此时，软件会弹出"导出文件"对话框。在"设置"选项卡的"格式"下拉列表中可以选择"视频和音频""仅视频""仅音频"3种格式之一，如图10-18所示。

图10-18

提示： 快速生成MP4文件。

如果选择"电脑"选项，可以直接输出MPEG-4格式H.264编码的视频文件，这样可以在其他计算机或播放器中打开该文件，如图10-19所示。

图10-19

STEP 04 在"角色为"下拉列表中选择多种结构的文件格式，如图10-20所示。单击"下一步"按钮，在弹出的界面中选择输出路径，单击"存储为"按钮输出影片。

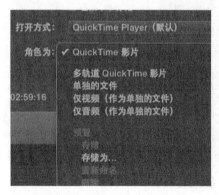

图10-20

提示： 添加目的位置。

在单击"共享"按钮时，会发现缺少"图像序列"和"Compressor设置"等常见选项。当遇到这种情况时可以用下面的方法解决。

❶ 单击时间线右侧的"共享"按钮，在下拉菜单中选择"添加目的位置"选项，如图10-21所示。

图10-21

❷ 软件会打开"目的位置"对话框，按住鼠标左键，将需要的导出方式拖曳到对话框左侧的"目的位置"列表中，如图10-22所示。

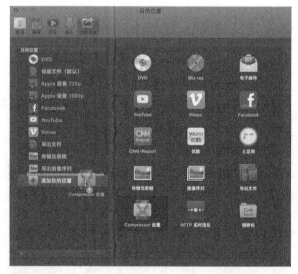

图10-22

10.4　导出单帧与序列

在需要第三方软件制作特效时，可能会遇到输出单帧或序列的问题。本节介绍一下输出这两种文件的方法。

▶ 实例——导出单帧与序列

STEP 01 如果需要导出单帧画面，只要在时间线上将播放头放置到需要导出的帧上，此时，检视器中显示的画面就是要导出的画面，然后单击"共享"按钮，在下拉菜单中选择"存储当前帧"选项，如图10-23所示。

STEP 02 在弹出的"存储当前帧"对话框中，单击"导出"选项后的下拉按钮，可以选择多种图像格式，如图10-24所示。

STEP 03 单击"下一步"按钮，选择导出路径，单击"存储"按钮，即可完成导出单帧的任务。

图10-23　　　　　图10-24

导出序列与导出单帧唯一的不同是：导出序列需要选择导出范围，如果不选择导出范围，导出的序列将是整个时间线中的画面序列。

10.5　分角色导出文件

Final Cut Pro X是首次使用磁性工作线的编辑软件，抛弃了传统的轨道编辑软件。但是没有轨道，有很多时候也会带来一些困扰，例如会导致无法将有关片段根据轨道区别开，再通过屏蔽相关轨道的方法来实现分类导出的目的。

Final Cut Pro X有更好的办法可以解决这类问题时，那就是角色分配，也就是可以分角色进行视频输出。

下面就来学习一下分角色导出文件的方法。

▶ 实例——分角色导出文件

STEP 01 选中时间线中的任意片段，然后选择检查器中的"信息"选项卡，在窗口的左下角选择"基本"选项。此时，可以在检查器窗口中看到"角色"选项，如图10-25所示。

在"角色"下拉列表中选择"编辑角色"选项，如图10-26所示。

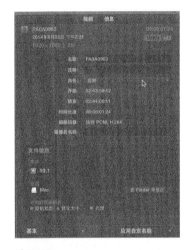

图10-25

图10-26

STEP 02 软件会弹出"角色编辑器"对话框，单击对话框左下角的加号按钮，然后选择想要增加的音/视频分类项目，如图10-27所示。

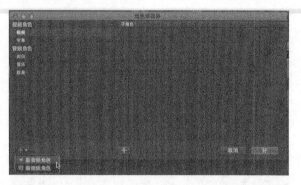

图10-27

STEP 03 选中时间线中的一个字幕片段，然后在检查器窗口的"信息"选项卡中展开"角色"下拉列表，选择"视频"选项，该字幕片段就被分配了"视频"的角色，如图10-28所示。

图10-28

可以通俗地理解为，角色就是软件对片段的一种分类。

STEP 04 选中时间线下方的"雨中漫步"音频片段，如图10-29所示。

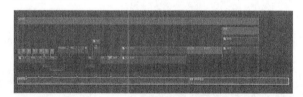

图10-29

软件会将此片段默认为"对白"角色，在检查器中将"角色"改变为"音乐"，或按快捷键【Control+Option+M】，如图10-30所示。

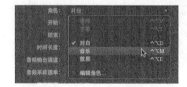

图10-30

STEP 05 在时间线中按快捷键【Home】，将播放头移动至片头位置，按快捷键【I】建立入点，然后将播放

头移动至片段的结尾处，按快捷键【O】建立出点，如图10-31所示。

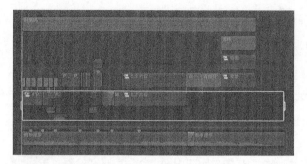

图10-31

STEP 06 单击"共享"按钮，在下拉菜单中选择"母版文件"选项，或按快捷键【Command+E】，如图10-32所示。

图10-32

STEP 07 在"母版文件"对话框中的"角色为"下拉列表中选择"多轨道QuickTime影片"选项，软件会自动根据角色分为3类，如图10-33所示。

图10-33

在实际应用中，角色分类可能会很多，可根据实际情况选择合理的角色分组进行文件导出。

10.6 使用Compressor输出文件

Compressor是苹果推出的运行于Mac OS 中的一款音频与视频编码器，是苹果视频编辑软件中不可缺少的套装软件之一。

下面就一起来看看，如何利用Compressor输出文件。

▶ 实例——将Compressor设置添加到目的位置

STEP 01 单击"共享"按钮，选择"添加目的位置"选项。

STEP 02 在"添加目的位置"对话框中，将右侧的"Compressor设置"拖曳到左侧列表中，如图10-34所示。

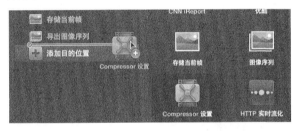

图10-34

STEP 03 此时，"添加目的位置"对话框中会弹出一个白色框，其中会列出很多Compressor预置的文件格式，选择"音频格式"→"AIFF文件"（苹果独有的音频交换文件），然后单击"好"按钮，如图10-35所示。

图10-35

此时，Final Cut Pro X的"目的位置"列表中就多了"AIFF文件"选项，如图10-36所示。

图10-36

▶ 实例——发送到Compressor中输出

STEP 01 在时间线中按快捷键【Home】，将播放头移动至片头位置，按快捷键【I】建立入点，然后将播放头移动至片段的结尾处，按快捷键【O】建立出点，如图10-37所示。

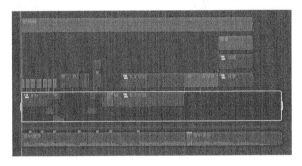

图10-37

STEP 02 单击"文件"→"发送到Compressor"命令，如图10-38所示。

图10-38

此时，Compressor软件会自动启动，并添加项目"10.1"的输出任务，如图10-39所示。

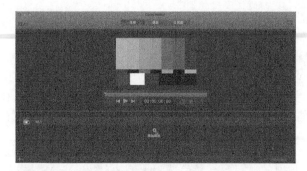

图10-39

STEP 03 在Compressor中选中项目"10.1"，在检视器中选择输出范围，如图10-40所示。

图10-40

STEP 04 单击"添加输出"按钮，会弹出一个选择输出项的对话框。

可以选择一项或多项输出设置，这里使用功能辅助键【Command】同时选择了"未压缩8位4:2:2""AIFF文件""MP3文件"3项设置，然后单击"好"按钮，如图10-41所示。

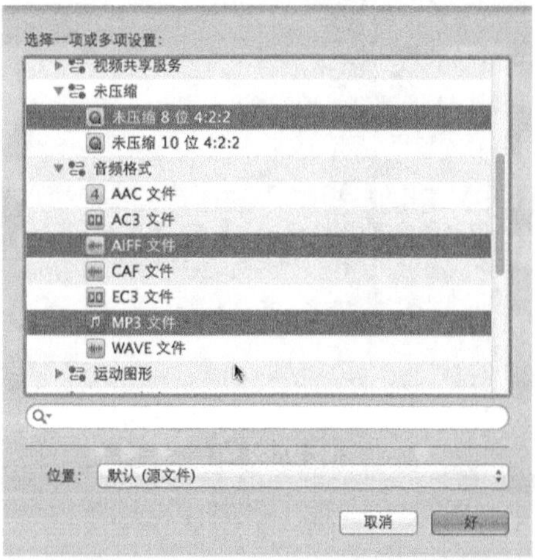

图10-41

STEP 05 此时，软件中就建立了其3个输出任务，如图10-42所示。

图10-42

将鼠标指针移至"位置"处，然后单击鼠标右键，在快捷菜单中选择"其他"命令，在弹出的对话框中选择输出路径，如图10-43所示。

图10-43

STEP 06 可以继续在Final Cut Pro X中发送其他项目到Compressor中，也可以单击软件左下角的加号按钮，将其他文件添加到软件中进行相应的文件转换，如图10-44所示。

图10-44

STEP 07 将需要转换或输出的任务全部添加完毕后，单击右下方的"开始批量处理"按钮，文件就会移动到"活跃"栏中开始转码或输出任务，如图10-45所示。

图10-45

以上介绍了Final Cut Pro X中的多种输出方式，希望在实际工作中能够给你带来帮助。

附录A

Final Cut Pro X快捷键

1. 键盘快捷键

本书始终在强调使用快捷键进行编辑工作的重要性，Final Cut Pro X提供了超过300个操作命令，在此罗列一些经常使用的快捷键，让使用者对此有一个系统性地认识，并通过这些快捷键的使用提升软件的使用效率。

2. 修改默认快捷键

很多成熟的剪辑师会在不同的剪辑软件中工作，然而每款剪辑软件的快捷键会有不同的设置，Final Cut Pro X提供了便捷的设置快捷键的功能。

STEP 01 单击"Final Cut Pro"→"命令"→"自定"命令，或按快捷键【Command+Option+K】，如图A-1所示。

图A-1

软件会弹出"Command Editor"对话框，如图A-2所示。接下来认识一下这个对话框中的功能，同时定义一套专属于自己的快捷键。

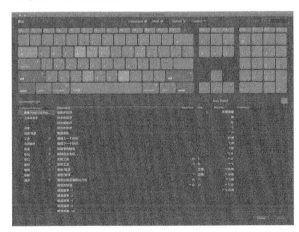

图A-2

STEP 02 单击软件界面左上角的"默认"按钮，会弹出一个下拉菜单，选择"复制"选项，如图A-3所示。

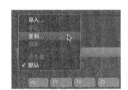

图A-3

将新建命令集命名为"我自己的"，然后单击"OK"按钮，如图A-4所示。

此时，软件界面左上角的按钮变成了"我自己的"按钮，如图A-5所示。可以开始给自己定义一组快捷键了。

图A-4　　　　　　　　　图A-5

STEP 03 在"Command Editor"对话框左下方的"Command Groups"列表中，可以通过命令类型快速找到想要更改的快捷键，如图A-6所示。

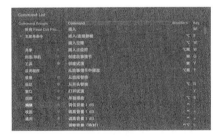

图A-6

也可以在软件界面右上角的搜索框中快速搜索已知名称的任务。如输入"拷贝"，如图A-7所示。

图A-7

可以看到"Command Groups"列表中列出多种有关"拷贝"的任务，如图A-8所示。

图A-8

STEP 04 假设需要更改"拷贝"任务的快捷键。选中"Command Groups"列表中"拷贝"选项，如图A-9所示。

图A-9

可以看到"拷贝"的默认快捷键为【Command + C】，保持"拷贝"选项处在选中状态，然后按快捷键【Command + E】，此时软件会弹出一个对话框，提示这个快捷键已经被占用，原来此快捷键已指定给"使用默认共享项目的位置导出"命令，如图A-10所示。如果单击"重新指定"按钮，那么【Command + E】就被赋予"拷贝"命令，这里单击"取消"按钮。

图A-10

STEP 05 单击对话框上半部分键盘处的"Command"按钮或按住键盘上的【Command】键不放，键盘中有颜色的按键和带有星号标志的按键表示软件已经预设的与【Command】键组合使用的快捷键，没有颜色及没有星号的按键是软件没有预设的，如图A-11所示。

还可以通过这种方式快速确认组合键的功能。

图A-11

可以看到【S】【P】键没有任何标记，也就是说

此时未与【Command】键组合使用的按键还有【S】【P】键。

STEP 06 在"Command Groups"列表中选择"拷贝"选项，然后按【Command+S】组合键，即可将【Command+S】快捷键认定为"拷贝"命令，如图A-12所示。

图A-12

可以发现"Command Groups"列表中多了一个"拷贝"快捷键组合。

STEP 07 保持"Command Groups"列表中的【Command+C】快捷键处在选中状态，然后按【Delete】键，【Command+C】快捷键便被删除，如图A-13所示。

图A-13

STEP 08 单击"Command Editor"对话框左上角的按钮，在弹出的下拉菜单中选择"默认"选项，此时，软件会切换到默认快捷键。

也可以在选中"我自己的"快捷键项时，选择菜单中的"删除"选项，如图A-14所示。

图A-14

在弹出的对话框中单击"删除"按钮，这样就在软件中删除了"我自己的"快捷键，如图A-15所示。

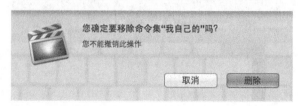

图A-15

3. 常用默认快捷键

（1）应用程序

命　令	快捷键	操　作
隐藏应用程序	Command+H	隐藏 Final Cut Pro
隐藏其他应用程序	Option+Command+H	隐藏除 Final Cut Pro 之外的所有应用程序
自定义键盘	Option+Command+K	打开命令编辑器
最小化	Command+M	最小化 Final Cut Pro
打开资源库	Command+O	打开现有资源库或新资源库
偏好设置	Command+,	打开 Final Cut Pro 的"偏好设置"窗口
退出	Command+Q	退出 Final Cut Pro
重做更改	Shift+Command+Z	重做上一个命令
撤销更改	Command+Z	撤销上一个命令

（2）编辑

命　令	快捷键	操　作
调整音量（绝对）	Control+Option+L	将所有所选片段的音频音量调整为特定的值
调整音量（相对）	Control+L	使用相同的值来调整所有所选片段的音频音量
追加到故事情节	E	将所选部分添加到故事情节的结尾
试演：添加到试演	Control+Shift+Y	将所选片段添加到试演
试演：复制并粘贴效果	Option+Command+Y	复制试演中的片段并添加效果
试演：复制为试演	Option+Y	使用时间线片段和该片段（包括应用的效果）的复制版本创建试演
试演：复制原始项	Shift+Command+Y	复制选定的试演片段，但不包括应用的效果
试演：替换并添加到试演	Shift+Y	创建试演并使用当前所选部分替换时间线片段
切割	Command+B	剪切浏览条或播放头位置处的主要故事情节片段（或所选部分）
全部切割	Shift+Command+B	剪切浏览条或播放头位置的所有片段
将片段项分开	Shift+Command+G	将所选项拆分为组件
更改时间长度	Control+D	更改所选部分的时间长度
连接到主要故事情节	Q	将所选内容连接到主要故事情节
连接到主要故事情节 + 反向时序	Shift+Q	将所选内容连接到主要故事情节，并将所选内容的结束点与浏览条或播放头对齐
拷贝	Command+C	拷贝所选部分
创建试演	Command+Y	从所选部分创建试演
创建故事情节	Command+G	从连接的片段中所选的内容创建故事情节
剪切	Command+X	剪切所选部分
删除	Delete	删除所选时间线，拒绝所选浏览器，或移除直通编辑
仅删除所选部分	Option+Command+Delete	删除所选部分并将片段连接到产生的空隙片段处
取消选择全部	Shift+Command+A	取消选择所有选定项目
复制	Command+D	复制在浏览器中选择的对象
启用/停用片段	V	对所选部分启用或停用回放
展开音频/视频	Control+S	单独查看选定片段的音频和视频
展开/折叠音频组件	Control+Option+S	在时间线中展开或折叠所选部分的音频组件

命　令	快捷键	操　作
延长编辑	Shift+X	将选定的编辑点延长到浏览条或播放头位置
向下扩展所选部分	Shift+↓	在浏览器中，将下一个项目添加到所选内容处
向上扩展所选部分	Shift+↑	在浏览器中，将上一个项目添加到所选内容处
最终确定试演	Option+Shift+Y	叠化试演并将其替换为试演挑选项
插入	W	在浏览条或播放头位置插入所选内容
插入/连接静帧	Option+F	在时间线的播放头或浏览条位置插入一个静帧，或将一个静帧从事件中的浏览条或播放头位置连接到时间线中的播放头位置
插入空隙	Option+W	在浏览条或播放头位置插入空隙片段
插入占位符	Option+Command+W	在浏览条或播放头位置插入占位符片段
从故事情节中提取	Option+Command+↑	从故事情节举出选择并将其连接到产生的空隙片段
将音量调低 1 dB	Control+−	将音量调低 1 dB
移动播放头位置	Control+P	通过输入时间码值移动播放头
新建复合片段	Option+G	创建新的复合片段（如果无选择，则创建空复合片段）
向左挪动音频子帧	Option+,	将选定的音频编辑点向左移动 1 个子帧，从而创建拆分编辑
向左挪动音频子帧很多	Option+Shift+,	将选定的音频编辑点向左移动 10 个子帧，从而创建拆分编辑
向右挪动音频子帧	Option+.	将选定的音频编辑点向右移动 1 个子帧，从而创建拆分编辑
向右挪动音频子帧很多	Option+Shift+.	将选定的音频编辑点向右移动 10 个子帧，从而创建拆分编辑
向下挪动	Option+↓	在动画编辑器中向下挪动选定关键帧的值
向左挪动	,	将所选部分向左挪动 1 个单位
向左挪动很多	Shift+,	将所选部分向左挪动 10 个单位
向右挪动	.	将所选部分向右挪动 1 个单位
向右挪动很多	Shift+.	将所选部分向右挪动 10 个单位
向上挪动	Option+↑	在动画编辑器中向上挪动选定关键帧的值
打开试演	Y	打开选定的试演
覆盖连接	`	临时覆盖所选部分的片段连接
覆盖	D	在浏览条或播放头位置覆盖
覆盖 + 反向时序	Shift+D	从浏览条或播放头位置反向覆盖
覆盖到主要故事情节	Option+Command+↓	在主要故事情节的浏览条或播放头位置覆盖
粘贴为连接	Option+V	粘贴选择并将其连接到主要故事情节
在播放头粘贴插入	Command+V	在浏览条或播放头位置插入剪贴板内容
上一个角度	Control+Shift+←	切换到多机位片段中的上一个角度
上一个音频角度	Option+Shift+←	切换到多机位片段中的上一个音频角度
上一个挑选项	Control+←	选择"试演"窗口中的上一个片段，使其成为试演挑选项
上一个视频角度	Shift+Command+←	切换到多机位片段中的上一个视频角度
将音量调高 1 dB	Control+=	将音量调高 1 dB
替换	Shift+R	使用浏览器中的所选部分来替换时间线中的所选片段
从开始处替换	Option+R	将时间线中的所选片段替换为浏览器选择，从其开始点开始
替换为空隙	Shift+Delete	将选定的时间线片段替换为空隙片段
全选	Command+A	选择所有片段
选择片段	C	选择时间线中指针下方的片段

命　令	快捷键	操　作
选择左音频边缘	Shift+[	对于展开视图中的音频/视频片段,选择音频编辑点的左边缘
选择左边缘	[	选择编辑点的左边缘
选择左音频编辑边缘和右音频编辑边缘	Shift+\	对于展开视图中的音频/视频片段,选择音频编辑点的左边缘和右边缘
选择左编辑边缘和右编辑边缘	\	选择编辑点的左边缘和右边缘
选择下一个角度	Control+Shift+→	切换到多机位片段中的下一个角度
选择下一个音频角度	Option+Shift+→	切换到多机位片段中的下一个音频角度
选择下一个挑选项	Control+→	选择"试演"窗口中的下一个片段,使其成为试演挑选项
选择下一个视频角度	Shift+Command+→	切换到多机位片段中的下一个视频角度
选择右音频边缘	Shift+]	对于展开视图中的音频/视频片段,选择音频编辑点的右边缘
选择右边缘	]	选择编辑点的右边缘
设定附加所选部分结尾	Shift+Command+O	在播放头或浏览条位置设置附加范围选择结束点
设定附加所选部分开头	Shift+Command+I	在播放头或浏览条位置设置附加范围选择起始点
显示/隐藏精确度编辑器	Control+E	选择编辑点时,显示或隐藏精确度编辑器
吸附	N	打开或关闭吸附
单独播放	Option+S	单独播放时间线中选择的项
源媒体:音频和视频	Shift+1	打开音频/视频模式,以将选择的视频和音频部分添加到时间线
源媒体:仅音频	Shift+3	打开仅音频模式,以将选择的音频部分添加到时间线
源媒体:仅视频	Shift+2	打开仅视频模式,以将选择的视频部分添加到时间线
切换故事情节模式	G	打开或关闭在时间线中拖曳片段时构建故事情节的功能
修剪结尾处	Option+]	将选定或最顶部的片段的结尾处修剪到浏览条或播放头位置
修剪开始处	Option+[	将片段开始点修剪到浏览条或播放头位置
修剪到所选部分	Option+\	将片段开始点和结束点修剪到范围选择

（3）效果

命　令	快捷键	操　作
添加基本下三分之一	Control+Shift+T	将基本下三分之一字幕连接到主要故事情节
添加基本字幕	Control+T	将基本字幕连接到主要故事情节
添加默认转场	Command+T	将默认转场添加到所选部分
颜色板:还原当前板控制	Option+Delete	还原当前"颜色板"窗口中的控制
颜色板:切换到"颜色"面板	Control+Command+C	切换到颜色板中的"颜色"面板
颜色板:切换到"曝光"面板	Control+Command+E	切换到颜色板中的"曝光"面板
颜色板:切换到"饱和度"面板	Control+Command+S	切换到颜色板中的"饱和度"面板
拷贝效果	Option+Command+C	拷贝选定的效果及其设置
拷贝关键帧	Option+Shift+C	拷贝所选关键帧及其设置
剪切关键帧	Option+Shift+X	剪切所选关键帧及其设置
启用/停用平衡颜色	Option+Command+B	打开或关闭平衡颜色校正
匹配音频	Shift+Command+M	在片段之间匹配声音
匹配颜色	Option+Command+M	在片段之间匹配颜色
下一个文本	Option+Tab	导航到下一个文本项

命　令	快捷键	操　作
粘贴属性	Shift+Command+V	将所选属性及其设置粘贴到所选部分
粘贴效果	Option+Command+V	将效果及其设置粘贴到所选部分
粘贴关键帧	Option+Shift+V	将关键帧及其设置粘贴到所选部分
上一个文本	Option+Shift+Tab	导航到上一个文本项
重新定时编辑器	Command+R	显示或隐藏重新定时编辑器
重新定时：创建正常速度分段	Shift+N	将选择设定为以正常（100%）速度播放
重新定时：保持	Shift+H	创建 2 s 保留分段
重新定时：还原	Option+Command+R	将选择还原为以正常（100%）速度向前播放
单独播放动画	Control+Shift+V	在视频动画编辑器中一次仅显示一个效果

（4）常规

命　令	快捷键	操　作
删除	Delete	删除所选时间线，拒绝所选浏览器，或移除直通编辑
查找	Command+F	显示或隐藏"过滤器"窗口（浏览器中）或时间线索引（时间线中）
前往事件浏览器	Option+Command+3	激活事件浏览器
导入媒体	Command+I	从设备、摄像机或归档导入媒体
资源库属性	Control+Command+J	打开当前资源库的"资源库属性"窗口
移到废纸篓	Command+Delete	将选择移到 Finder 废纸篓
新项目	Command+N	创建新项目
项目属性	Command+J	打开当前项目的"属性"窗口
渲染全部	Control+Shift+R	启动当前项目的所有渲染任务
渲染所选部分	Control+R	开始选择的渲染任务
在 Finder 中显示	Shift+Command+R	在 Finder 中显示所选事件片段的源媒体文件

（5）标记

命　令	快捷键	操　作
添加标记	M	在浏览条或播放头位置添加标记
所有片段	Control+C	更改浏览器过滤器设置来显示所有片段
添加标记并修改	Option+M	添加标记并编辑标记文本
清除所选范围	Option+X	清除范围选择
清除范围结尾	Option+O	清除范围的结束点
清除范围开头	Option+I	清除范围的开始点
删除标记	Control+M	删除选定的标记
删除选择中的标记	Control+Shift+M	删除选择中的所有标记
取消选择全部	Shift+Command+A	取消选择所有选定项目
个人收藏	F	将浏览器选择评分为个人收藏
个人收藏	Control+F	更改浏览器过滤器设置来显示个人收藏
隐藏被拒绝的项目	Control+H	更改浏览器过滤器设置来隐藏被拒绝的片段

命　令	快捷键	操　作
新关键词精选	Shift+Command+K	创建新的关键词精选
新智能精选	Option+Command+N	创建新的智能精选
范围选择工具	R	将"范围选择"工具激活
拒绝	Delete	将浏览器中的当前所选部分标记为被拒绝的 注：如果时间线而非浏览器处于活跃状态，则将移除所选项目
已拒绝的	Control+Delete	更改浏览器过滤器设置来显示被拒绝的片段
从选择中移除所有关键词	Control+0	从浏览器选择中移除所有关键词
角色：应用对话角色	Control+Option+D	将对话角色应用到所选片段
角色：应用效果角色	Control+Option+E	将"效果"角色应用于选定的片段
角色：应用音乐角色	Control+Option+M	将"音乐"角色应用于选定的片段
角色：应用字幕角色	Control+Option+T	将"字幕"角色应用于选定的片段
角色：应用视频角色	Control+Option+V	将"视频"角色应用于选定的片段
全选	Command+A	选择所有片段
选择片段范围	X	将范围选择设定为与浏览条或播放头下方的片段边界匹配
设定附加范围结尾	Shift+Command+O	在播放头或浏览条位置设置附加范围选择结束点
设定附加范围开头	Shift+Command+I	在播放头或浏览条位置设置附加范围选择起始点
设定范围结尾	O	设定范围的结束点
设定范围结尾	Control+O	编辑文本栏时设定范围的结束点
设定范围开头	I	设定范围的开始点
设定范围开头	Control+I	编辑文本栏时设定范围的开始点
取消评分	U	从选择中移除评分

（6）整理

命　令	快捷键	操　作
新事件	Option+N	创建新事件
新建文件夹	Shift+Command+N	创建新文件夹
在浏览器中显示	Shift+F	在浏览器中显示选定的片段
在浏览器中显示项目	Option+Shift+Command+F	在浏览器中显示打开的项目
同步片段	Option+Command+G	同步所选事件片段

（7）回放/导航

命　令	快捷键	操　作
音频浏览	Shift+S	打开或关闭音频浏览
试演：预览	Control+Command+Y	在时间线的上下文中播放挑选项
片段浏览	Option+Command+S	打开或关闭片段浏览
仅剪切/切换多机位音频	Option+Shift+3	打开仅音频模式以进行多机位剪切和切换
剪切/切换多机位音频和视频	Option+Shift+1	打开音频/视频模式以进行多机位剪切和切换
仅剪切/切换多机位视频	Option+Shift+2	打开仅视频模式以进行多机位剪切和切换
向下	↓	转至下一项（浏览器中）或下一个编辑点（时间线中）

命　令	快捷键	操　作
向下	Control+↓	编辑文本栏时，转至下一项（浏览器中）或下一个编辑点（时间线中）
后退 10 帧	Shift+←	将播放头向后移动 10 帧
前进 10 帧	Shift+→	将播放头向前移动 10 帧
跳到开头	个人按钮	将播放头移到时间线的开始处或浏览器中的第一个片段
跳到结尾	"结束"按钮	将播放头移到时间线的结尾处或浏览器中的最后一个片段
跳到下一个倾斜角度组	Option+Shift+'	在当前的多机位片段中显示角度的下一个倾斜角度组
跳到范围结尾	Shift+O	将播放头移到范围选择的结束处
跳到范围开头	Shift+I	将播放头移到范围选择的开始处
循环回放	Command+L	打开或关闭循环回放
监视音频	Shift+A	打开或关闭要浏览的角度的音频监视
导航时间码输入	–	输入负时间码值将向后移动播放头、向后移动片段或修剪范围或片段，具体取决于选择
下一个片段	Control+Command+→	转至下一项（浏览器中）或下一个编辑点（时间线中）
下一个标记	Control+'	将播放头移到下一个标记
播放当前位置前后片段	Shift+?	在播放头位置周围播放
向前播放	L	向前播放（多次按 L 键可增加回放速度）
从播放头播放	Option+空格键	从播放头位置播放
全屏幕播放	Shift+Command+F	从浏览条或播放头位置全屏幕播放
倒退播放	J	倒退播放（多次按 J 键可增加倒退回放速度）
倒退播放	Control+J	编辑文本栏时倒退播放（多次按 J 键可增加倒退回放速度）
倒退播放	Shift+空格键	倒退播放
播放所选部分	/	播放选择
播放到结尾	Control+Shift+O	从播放头播放到选择结尾
播放/暂停	空格键	开始或暂停回放
播放/暂停	Control+空格键	编辑文本栏时开始或暂停回放
正时间码输入	=	输入正时间码值将向前移动播放头、向前移动片段或修剪范围或片段，具体取决于选择
上一个片段	Control+Command+←	转至上一项（浏览器中）或上一个编辑点（时间线中）
上一个标记	Control+;	将播放头移到上一个标记
设定监视角度	Shift+V	将要浏览的角度设定为监视角度
浏览	S	打开或关闭浏览
开始/停止画外音录制	Option+Shift+A	开始或停止使用"录制画外音"窗口录制音频
停止	K	停止回放
停止	Control+K	编辑文本栏时停止回放
时间线历史记录后退	Command+[	在时间线历史记录中后退一层
时间线历史记录前进	Command+]	在时间线历史记录中前进一层
向上	↑	转至上一项（浏览器中）或上一个编辑点（时间线中）
向上	Control+↑	编辑文本栏时，转至上一项（浏览器中）或上一个编辑点（时间线中）

（8）共享和工具

命　令	快捷键	操　作
共享到默认目的位置	Command+E	使用默认目的位置共享选定的项目或片段
选择"箭头"工具	A	将"选择"工具激活
切割工具	B	将"切割"工具激活
裁剪工具	Shift+C	激活"裁剪"工具并显示所选片段或播放头下方顶部片段的屏幕控制
变形工具	Option+D	激活"变形"工具并显示所选片段或播放头下方顶部片段的屏幕控制
手工具	H	将"手"工具激活
位置工具	P	将"位置"工具激活
变换工具	Shift+T	激活"变换"工具并显示所选片段或播放头下方顶部片段的屏幕控制
修剪工具	T	将"修剪"工具激活
缩放工具	Z	将"缩放"工具激活

（9）显示

命　令	快捷键	操　作
片段外观：仅片段标签	Control+Option+6	根据片段名称设置，显示仅带有片段名称、角色名称或活跃角度名称的时间线片段
片段外观：缩小波形大小	Control+Option+↓	缩小时间线片段的音频波形大小
片段外观：仅连续画面	Control+Option+5	显示仅带有大型连续画面的时间线片段
片段外观：增大波形大小	Control+Option+↑	增大时间线片段的音频波形大小
片段外观：大型连续画面	Control+Option+4	显示带有小型音频波形和大型连续画面的时间线片段
片段外观：大型波形	Control+Option+2	显示带有大型音频波形和小型连续画面的时间线片段
片段外观：波形和连续画面	Control+Option+3	显示带有等大的音频波形和视频连续画面的时间线片段
片段外观：仅波形	Control+Option+1	显示仅带有大型音频波形的时间线片段
减少片段高度	Shift+Command+-	减少浏览器片段高度
增加片段高度	Shift+Command+=	增加浏览器片段高度
显示较少的连续画面帧	Shift+Command+,	在浏览器片段中显示较少的连续画面帧
显示/隐藏音频动画	Control+A	显示或隐藏选定片段的音频动画编辑器
显示/隐藏浏览条信息	Control+Y	在浏览器中浏览时显示或隐藏片段信息
显示/隐藏视频动画	Control+V	显示或隐藏选定时间线片段的视频动画编辑器
显示较多的连续画面帧	Shift+Command+.	在浏览器片段中显示较多的连续画面帧
每个连续画面显示一帧	Option+Shift+Command+,	每个连续画面显示一帧
查看片段名称	Option+Shift+N	在浏览器中显示或隐藏片段名称
将浏览器视为连续画面	Option+Command+1	将浏览器切换到连续画面视图
将浏览器视为列表	Option+Command+2	将浏览器切换到列表视图
放大	Command+=	放大时间线、浏览器或检视器
缩小	Command+-	缩小时间线、浏览器或检视器
缩放至窗口大小	Shift+Z	将内容缩放为适合浏览器、检视器或时间线的大小
缩放到样本	Control+Z	打开或关闭放大音频样本

（10）窗口

命　令	快捷键	操　作
后台任务	Command+9	显示或隐藏"后台任务"窗口
前往"音频增强"	Command+8	将"音频增强"窗口设为活跃
前往颜色板	Command+6	将颜色板激活
转至浏览器	Command+1	将浏览器激活
转至检查器	Option+Command+4	将当前检查器激活
转至时间线	Command+2	将时间线激活
转至检视器	Command+3	将检视器激活
下一个标签	Control+Tab	转至检查器或颜色板中的下一个选项卡
上一个标签	Control+Shift+Tab	转至检查器或颜色板中的上一个面板
录制画外音	Option+Command+8	显示或隐藏"录制画外音"窗口
显示直方图	Control+Command+H	在检视器中显示直方图
显示矢量显示器	Control+Command+V	在检视器中显示矢量显示器
显示视频波形	Control+Command+W	在检视器中显示波形监视器
显示/隐藏角度	Shift+Command+7	显示或隐藏角度检视器
显示/隐藏音频指示器	Shift+Command+8	显示或隐藏音频指示器
显示/隐藏浏览器	Control+Command+1	显示或隐藏浏览器
显示/隐藏效果浏览器	Command+5	显示或隐藏效果浏览器
显示/隐藏资源库列表	Shift+Command+1	显示或隐藏资源库列表
显示/隐藏事件检视器	Control+Command+3	显示或隐藏事件检视器
显示/隐藏检查器	Command+4	显示或隐藏检查器
显示/隐藏关键词编辑器	Command+K	显示或隐藏关键词编辑器
显示/隐藏时间线索引	Shift+Command+2	显示或隐藏打开项目的时间线索引
显示/隐藏视频观测仪	Command+7	在检视器中显示或隐藏视频观测仪

附录B

不同数码设备的素材导入

随着硬件技术的日新月异，各种各样的数码设备层出不穷，不同设备因其生产厂家的不同，所以其存储设备、视频封装格式、文件结构等等差距很大。

下面介绍一下现下比较热门的3种机型Canon 5D、Panasonic GH4、SONY F55的文件结构及其素材导入。

STEP 01 首先，来介绍一下3种设备所采取的存储介质、视频封装格式、编码格式以及文件结构，如图B-1所示。

Canon 5D　→CF卡　→MOV　→H.264

Panasonic GH4　→SD卡　→MOV　→H.264

SONY F55　→S×S PRO卡　→MXF　→XAVC

图B-1

STEP 02 在软件中，单击"文件"→"导入"→"媒体…"，或按快捷键【Command+I】。若计算机已经连接了5D或GH4的存储，可以在导入窗口中看到有设备的显示，如图B-2所示。

（5D）　　　　　　（GH4）

图B-2

STEP 03 当在FCPX的导入对话框中，打开相关设备的记录文件时，视频文件与外部文件的结构有所不同，软件会自动屏蔽一些与视频文件无关的文件结构，以方便使用者进行文件导入，如图B-3所示。

图B-3

STEP 04 在导入窗口中，可以预览素材，然后直接舍弃不需要的视频片段，或者选择一段视频文件的部分。现在选择任意视频文件，然后按快捷键【I、O】，在视频片段中选择你需要的部分建立选区，如图B-4所示。

图B-4

STEP 05 单击导入窗口右下角的"导入所选项"按钮。在弹出的窗口中，将转码栏中的"创建优化的媒体""创建代理媒体"上的默认钩号取消，因为FCPX内嵌H.264、XAVC的编码格式，可以比较流畅地处理这些编码；选择你需要的事件位置，将文件复制进资源库或保留到原位，如图B-5所示。

图B-5

提示： ❶ 不同版本的FCPX，会出现在外置硬盘为"NTFS""EXFAT"或其他格式的时候，文件栏中的"让文件保留在原位"选项是处在灰色无法选中的状态。

这种情况也会出现在所录制视频编码不包含在FCPX内嵌视频解码中，需要系统外装第三方视频解码插件。随着FCPX不断的升级，其内嵌视频解码也越来越丰富起来。

❷ 在一些已经编辑过的重新输出的视频片段或其他格式的原始素材中，有可能还会出现无法建立选区的状况。

STEP 06 再次回到导入窗口，发现原始素材的选择区域下增添了一道白色横线，这说明只导入了原始视频素材的部分，如图B-6所示。

图B-6